中国自然科学基金项目

U0156170

单细胞测序方法和应用

主　编　王向东

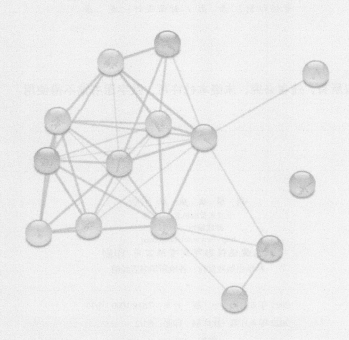

科学出版社

北京

内 容 简 介

本书介绍了单细胞测序的操作方法，以及其在微生物学、系统免疫学、转录组学、生物信息学、基础医学、临床医学中特别是呼吸内科，肿瘤科等学科中的具体应用，内容包括方法设计、重复性验证及应用经验。重点突出了单细胞技术在疾病机制研究中的应用潜力，指出探索单细胞生物学功能、表观遗传学、代谢学及其基因与蛋白网络系统等的基本路径。

本书可供与肿瘤相关专科的临床医生，免疫学、微生物学、基因组学、转化医学专业人员和研究生阅读参考。

图书在版编目（CIP）数据

单细胞测序方法和应用/王向东主编 . — 北京：科学出版社，2021.6
ISBN 978-7-03-068825-5

Ⅰ.①单… Ⅱ.①王… Ⅲ.①细胞—序列—测试—研究 Ⅳ.① Q2

中国版本图书馆 CIP 数据核字（2021）第 092042 号

责任编辑：李 玫 徐卓立/责任校对：张 娟
责任印制：李 彤/封面设计：龙 岩

科学出版社 出版
北京东黄城根北街 16 号
邮政编码：100717
http://www.sciencep.com
北京捷迅佳彩印刷有限公司 印刷
科学出版社发行 各地新华书店经销
*
2021 年 6 月第 一 版 开本：720×1000 1/16
2022 年 4 月第三次印刷 印张：6 1/2
字数：126 000
定价：68.00 元
（如有印装质量问题，我社负责调换）

编著者名单

主　编　王向东

副主编　武多娇　程韵枫　朱必俊　钱梦佳

编著者　（按姓氏笔画排序）

王　坚　复旦大学附属中山医院

王风平　上海交通大学

王向东　复旦大学附属中山医院

王玲燕　复旦大学附属中山医院

王福萍　北京大学附属首都儿科研究所

石　林　复旦大学附属中山医院

冯　丽　复旦大学附属闵行医院

朱亦纯　复旦大学附属中山医院

朱必俊　复旦大学附属中山医院

李　斌　中国科学院上海巴斯德研究所

李孔晨　中国科学院上海巴斯德研究所

杨　静　中国科学院上海巴斯德研究所

何明燕　复旦大学附属中山医院

闵智慧　复旦大学附属中山医院

张　鼎　上海华山医院

陈　浩　复旦大学附属中山医院徐汇医院

陈　颖　上海交通大学

陈祚珈　哈佛医学院波士顿神经学系

武多娇　复旦大学附属中山医院

罗雪瑞　中国科学院上海巴斯德研究所

金美玲　复旦大学附属中山医院

施杰毅　复旦大学附属中山医院

夏景林　复旦大学附属中山医院

钱梦佳　复旦大学附属中山医院

徐晓晶　复旦大学附属中山医院

高雅懿　美国国家癌症研究所

程韵枫　复旦大学附属中山医院

  单细胞测序技术迅猛发展，急需一本介绍及总结这个领域进展的图书。《单细胞测序方法和应用》一书的筹备和编写工作持续了一年多，本书着重于阐述和解释单细胞测序技术和系统免疫学技术在临床研究中的实际应用。本书涉及技术标准的建立、方法学的设计和整合、实际操作的可重复性验证以及在重复中的优化改进，"系统免疫学"这一概念的确定也经过了精心的讨论和修改，全体成员为此做出了巨大的努力。

  本书的主要特点是着重强调单细胞生物学及其功能在疾病发病机制中的潜在价值。科学的飞速进步使我们得以开展对于人类单细胞生物功能、表型、代谢的，以及基因/蛋白网络及其相互作用多样性的探索。本书主要适用于生物医学专业的学生，尤其是正在进行或准备进行单细胞测序以及系统免疫学研究的初级研究员和项目负责人，对其研究工作起到指导和启发的作用。

  我们希望读者可以发现单细胞测序和系统免疫学之间的联系，应用单细胞测序的知识增进对系统免疫学的认知，并学会将两者有机结合去探索新的疾病特有的生物标志物以及新的治疗靶点。

  本书的外文版 *Single Cell Sequencing and Systems Immunology* 作为 *Translational Bioinformatics* 系列丛书的一个分册，由 Springer 于 2015 年出版，电子版下载量达 25 918 次，在生物转化信息学领域具有积极的影响。

复旦大学附属中山医院

王向东　教授、博士生导师

武多娇　副教授

2021 年 2 月

目 录

第1章

单细胞测序在未来医学中的应用

近年来，单细胞研究领域日益受到关注，推动了各研究单位和研究型医院单细胞测序技术的快速发展。应用单细胞测序技术可以将单个细胞的全部基因组及转录组信息都完整地展示出来，这无论是对基础生物研究还是对临床研究都会产生深远的影响。本章重点针对单细胞测序的意义、工作流程、与传统方法（基因芯片技术）的比较、临床应用前景及面临的机遇与挑战等一系列问题进行阐述。

一、单细胞研究

1998 年，96 孔毛细管测序仪的诞生使测序技术有了新的突破，使相关的科学研究实现了本质上的飞跃，该技术被称为第一代高通量测序。20 年后，随着现代科技日新月异的发展，二代测序技术悄然兴起。最近 5 年，二代测序这个名词在许多学术场合被不断提及和应用。

单细胞研究也同样得到了广泛关注。单细胞研究对研究者的素质要求非常高，需要研究者对遗传异质性有充分的理解，并具备周密的研究计划，所挑选的靶点细胞必须具有代表性，所选择的研究方法也必须具有高敏感性及可重复性。

我们将重点放在单细胞研究的方法学上，特别关注了单细胞研究领域中测序技术的应用。虽然单细胞测序技术目前面临的挑战及困难仍很多，但这项技术在开发新诊断方法、监控疾病进程、判断预后等方面的应用前景不容小觑。单细胞测序可以与人体功能系统、患者临床表型、临床生物信息学等多方面的信息相整合，这些领域中将有更加广泛重要的应用价值等待开发。

二、单细胞测序的临床应用意义

通常情况下，开展生物研究工作需要整合机体各部分的数据，包括每一个组织、细胞群所产生的信息，然而单细胞层面会发生很多变异，所以要想正确分析整个生物体的情况，解决如何透彻地在单细胞层面进行研究的问题就显得尤为重要。近年来，对单细胞研究领域的关注推动了单细胞测序技术的发展。一般来说，大多数进行测序的样本都需要至少取自 105 个细胞的 DNA 或 RNA 量，而单细胞测序技术的发展大大降低了所需样本的起始量。随着二代测序技术的逐步推广，单个细胞的全部基因组及转录组信息都能够被完整地记录下来。

单细胞转录组是指细胞上全部 RNA 或 RNA 聚合酶 II 多聚腺苷酸反应后的产物所构成的基因调控网络，可以用来阐述在细胞微环境发生变化后，细胞生物学功能及表型所发生的变化。单细胞转录组研究可以证明基因表达的异质性，阐明基因调控网络间的互相关联，推测肿瘤细胞分型及肿瘤干细胞的特性，验证细胞内的基因表达谱、信使 RNA 的定位、等位基因的特异性表达等。

在胚胎干细胞发育过程中，单个细胞表达的特定转录信息决定了其最终的发育命运，单细胞测序技术的出现使得研究者能够更为深入、全面地进行此项研究。如今，科学家们已经成功运用单细胞测序技术检测人体植入前胚胎细胞、个体精子细胞、单个神经元细胞及外周血循环肿瘤细胞。

在开发疾病生物标志物及潜在药物治疗靶点方面，单细胞转录组测序已经成为重要的研究手段之一。有研究报道，通过单细胞转录组测序发现在树突状细胞中，炎性刺激物脂多糖可以诱导广泛、毫无征兆地在 mRNA 表达丰度及剪接形式上发生的突变，这一结果表明自分泌或体外来源的刺激物也可以引发细胞异质性的产生，这不仅颠覆了传统的认识，同时也提示或许可以研发能够敏感特异反映细胞异质性进展的标志物来监测基因调控网络的动态变化，从而开发新的分子诊断及细胞疗法。我们相信，未来单细胞测序结果一定会越来越多地被运用于临床疾病特异性动态网络标志物的研究。

单细胞基因组分析在癌症发展、产前遗传学诊断、人类基因组结构等研究方面起着重要的作用，单细胞测序目前被认为是研究小群体分化细胞、循环肿瘤细胞及组织干细胞的利器，并已被运用于检测临床标本中罕见细胞的基因改变。

在肿瘤研究方面，有报道显示，肿瘤细胞的异质性是促进肿瘤发展、妨碍个体化治疗的影响因素之一。单细胞测序技术的出现可以排除非肿瘤细胞或其他亚克隆细胞对研究的干扰，帮助研究者聚焦在这些数量非常少的循环肿瘤细胞上，使研究者可以更好地了解肿瘤的发生及发展，更好地探索肿瘤细胞的异质性现象，从而进一步改善抗肿瘤疗法并使个体化治疗方案更加完善。

测序后的初步分析结果也可以提示下一步研究其他组学，如蛋白组学、糖组学、代谢组学的必要性。将单细胞的表观基因组学与蛋白组学等信息进行整合，可使研究者对单个细胞进行深入、高通量、多层面研究。所以，单细胞测序技术的出现能够帮助研究者更好地探索细胞谱系之间的关系，研究单个细胞的功能。综合评价，如果能对感兴趣的样本先做测序的研究，单细胞测序不失为一种性价比非常高的研究方式。

三、基本操作流程

二代测序技术从样本前处理到完成基本数据分析只需要 3 ～ 4 天。目前，多家公司推出的二代测序实验室平台都取得了正式认可，下面以 ABI 公司推出的 Ion Torrent Proton 测序仪为例，介绍二代测序平台在单细胞测序上运用的基本操作流程。该基本流程可以简单概括为细胞分离、DNA/RNA 提取、文库构建与模板制备、测序及数据分析 5 个步骤（图 1-1）。

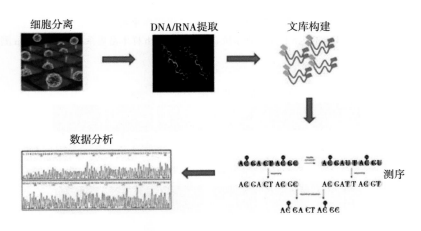

图 1-1 单细胞测序基本工作流程

分离单细胞的方法有很多种，例如，生化净化、流式分选、显微切割等。分离出单个细胞并提取 DNA/RNA 后，根据不同的测序平台，从文库构建到完成测序的一系列方法也不尽相同，本文涉及的是 Ion Torrent 测序平台（图 1-2），下面以这一平台为例进行简单说明。

首先，根据不同样本选择不同的文库构建方法（图 1-3）。其次，每一个 DNA 片段与 Ion Sphere Particle（一种磁珠）结合，在 Ion One Touch 样本处理系统上进行自动扩增，此时没有结合 DNA 片段的空磁珠会被去除，而扩增后的 DNA 片段则会在 Ion One Touch ES 样本富集系统上自动被富集。最后，富集了 DNA 的磁珠被注入测序芯片的小孔中，在测序仪中分别与 DNA 核苷酸（GCAT）进行反应。测序仪则通过检测氢离子浓度变化来判断核苷酸的种类并记录下来，随后将记录结果自动上传至服务器，以供后期结果处理及分析。

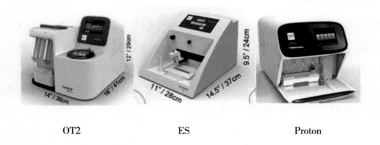

OT2　　　　　　　　ES　　　　　　　Proton

图 1-2　Ion Torrent 二代测序平台

从左至右依次为 Ion OneTouch 样本处理系统、Ion OneTouch 样本富集系统、Ion Proton 测序仪

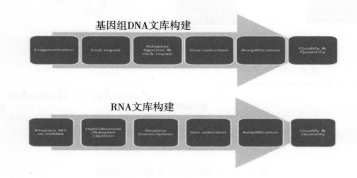

图 1-3　文库构建基本流程

四、与传统的基因芯片技术方法的比较

与测序技术相比，基因芯片技术这种基于杂交为基础的检测方法由于交叉现象的存在，容易发生背景过高的情况，并且在基因表达过低或表达过高时其检测的敏感性均差强人意。而这种单细胞测序技术使用多重引物设计的方法不仅可以设计已知的基因序列，从而降低预扩增引物的浓度及引物二聚体的产生，还可以增加检测方法的灵活性，并且在一般情况下，该测序技术完全不需要预先设计引物序列，而基因芯片则完全依赖于预先设计好的基因序列。

因此，在现有的基因组学研究方法中，测序技术无疑是非常独特及先进的，尤其对单个细胞研究来说更是如此。针对 DNA，测序技术的应用主要在于检测突变的类型，包括点突变、碱基的缺失和插入、染色体易位等。而在 RNA 方面（即转录组测序），该技术主要运用于表达差异的检测。另外，转录组测序还可以检测 RNA 剪辑与剪接异构体。这些都可使研究者更好地了解复杂的生物转录体系，也是以往运用传统基因芯片技术所无法企及的测试范围。

与基因芯片技术相比，测序技术仍然面临技术性问题，如何解决大数据的存储及分析是一个难点。但是我们完全有理由相信在不久的将来，基因研究领域测序技术将会完全取代基因芯片。

五、机遇与挑战

单细胞测序的结果如何转化为临床应用是目前值得思考的问题，必须具备标准化的实验设计方案、操作流程、标准化的数据分析及临床生物信息学应用流程才能达到预设的目的。与此同时，还必须建立特异性疾病诊断、监测及预后标准，才能够在疾病发生前、诊断前或接受治疗前提前确定致病基因的存在。

目前，单细胞测序技术应用最多的领域是疾病生物标志物及药物治疗靶点的研究，而完成这些需要有丰富的临床经验、足够的生物信息学知识及对该疾病的充分认知。生物标志物及治疗靶点的选择与验证，工作难点就在于如何鉴别细胞的异质性，很多因素都会影响单细胞的异质性程度，包括单个细胞的生理状态、细胞微环境、组织来源等，尤其是在癌细胞与癌前细胞、激活与未激活的炎性细胞、起作用与不起作用的细胞、不同取样点的细胞、处在不同阶段的细胞，对于在治疗起不同反应的细胞中鉴别难度更大。

因此，在临床上，单细胞测序研究应有清晰的研究思路，并有相似的入组临床样本，包括相似的诊断、病程、遗传背景、发病机制与治疗方案，单细胞研究需尽量避免或最大限度地降低临床样本之间的差异。

另一方面，单细胞测序技术可以作为监测及验证后期开发的诊断试剂盒中疾病特异性生物标志物的手段。然而直到今天，基于基因诊断的试剂盒开发仍然困难重重，尽管已经使用单细胞测序技术进行了鉴别、挑选、验证及优化，仍可能遇到不可预知的障碍，例如，对稳定性、可重复性、靶点代表性的质疑及是否能对检测结果给出合理解释等。

六、小结

利用单细胞测序可以探索分子生物学的新领域，了解信息如何从一个细胞传递到另一个细胞内。希望这项技术可以进一步与其他组学结合，给研究者提供更完整的信息。相信在不久的将来，单细胞测序技术将在更多领域得到开发和运用，对基础生物研究和临床研究产生不可估量的深远影响。

（钱梦佳 武多娇 张 鼎 王 坚 程韵枫 王向东）

第2章

超级细胞模型在单细胞表型分类中的应用

　　超级细胞模型是解决细胞异质性的最佳方式。超级细胞模型是利用单细胞多维数据进行表型分类的一种方法，具有多维性，可以代表细胞群体的整体表现。

一、超级细胞模型及其发展

　　目前，细胞异质性被认为是生物体适应外环境改变的重要调节因素之一，同时，异质性在肿瘤生长、增殖、传播及抵抗治疗中也起着同样重要的作用。最先进的基因组学技术可以对单细胞中的全部基因进行检测，但是，究竟一次检测多少个基因完全取决于资金投入的多少及检测者所具备的技术能力。由于数据有限，使用高维聚类程序、混合高斯模型或其他标准化的数据分类技术来分析这些有限的高维数据集恐怕是不够的。因此，在单细胞异质性极高或可获得的细胞数量极少时，如何进行表型分类是值得探讨的问题。

　　"超级细胞模型"，即针对细胞的突变特性对单细胞表型进行分类的一种方法。若想预测单细胞的表型，首先要知道单细胞的规模，如运用此种方法就可以提供定量评估数据。运用不同的单细胞技术可以使超级细胞模型运用于多参数表型分类的构建，如细胞核成像技术、多色流式细胞术等。

二、单细胞研究面临的挑战

　　在生物体发育过程中，会发生各种体细胞突变，这些效应的总和导致了在个体中出现具有不同基因型的各种细胞系，这种现象称为嵌合现象。嵌合现象在人体内普遍存在，因此研究者们推测人体内的每一个细胞是否都具有自身特异的基因谱。在这些突变中，有些是中性的，有些是对人体不利的，如体细胞突变则与机体老龄化、肿瘤发生及其他疾病息息相关；而有些则对人体非常有益，例如，大脑中广泛存在的体细胞突变，以异倍体或者反转录转座子插入的形式出现，对大脑功能的发育至关重要。

　　事实上，在改善诊断及治疗方法方面，单细胞异质性的存在既是挑战也是难得的机遇。最近 Beckman 等评估了单细胞异质性及遗传不稳定性对肿瘤个体化治疗方案产生的影响。在单细胞研究领域，越来越多的研究，如人类胚胎干细胞研究、肿瘤细胞系的凋亡机制研究、神经母细胞瘤等肿瘤可逆性研究、线虫胚胎细胞抗压变形性等都指出细胞异质性现象的普遍存在。而关于肿瘤异质性，想要了解更多信息（包括基因、表观遗传、肿瘤微环境、免疫反应或者其他影响因素，如日常饮食、微生物等）可以查阅更多相关文献。

除了细胞间固有的生物学差异外，另一个容易造成细胞异质性的原因是检测技术。事实上，单细胞研究分析的准确度与可信度受不同来源的全基因组与转录组的扩增误差影响。虽然现在的技术手段已经可以直接对单细胞基因组进行建库，并且可以直接对单分子 DNA 与 RNA 进行测序，但是未来的发展目标一定是要使研究者有能力对取自单细胞中未扩增的 DNA 或 RNA 片段进行测序。

当研究的细胞数量过少，仅有几十个或几百个细胞时，如何做单细胞测序也是该技术急需解决的问题之一。单细胞研究往往会受到投入成本及技术能力，或是出于现有临床样本使用的伦理问题的限制，往往不可能会有大量样本提供。例如，在干细胞研究方面，干细胞的数量本身就非常少，利用流式细胞术收集的干细胞更是凤毛麟角，进一步说，免疫表型为 Lin Kit$^+$Sca$^+$CD34^{10}Flt3$^-$ 及 SLAM（29）的造血干细胞在骨髓中的含量仅为 0.007 5%，因此，若需要使用流式细胞术收集100 个这样的造血干细胞，就需要获得至少 100 万个骨髓细胞。

另外，还需要考虑细胞异质性太高导致的不同细胞群重叠分布情况。图 2-1与图 2-2 分别设计了不同的情景来区分两种互相关联的细胞群，如具有不同生物学表型的肿瘤细胞与正常细胞，用来显示细胞异质性与细胞规模在分类准确度上的关系。其中，细胞异质性是指两种细胞发生重叠的可能性，这是由生物学特性的差异（取决于所使用的用以区分两者的生物标志物）或技术手段差异（如方法学差异、组间差异等）或两者结合产生的差异造成的。细胞规模是指所检测的单细胞数量，常受控于投入成本、技术能力及特定细胞的总量。图 2-1 中主要展示的是 4 种可能出现的情景，图中横轴表示细胞异质性的高低，竖轴表示细胞规模的大小，每种情景都运用支持向量机运算法则（SVM，普遍运用的监督分类器）画出分割两种细胞的虚线。分类器首先被应用于学习训练阶段，这时须事先知道每一个细胞的真实分类情况，然后再用误差范围来定量表示运用分类器把多参数的检测结果分成两种细胞的准确度。当细胞异质性越低（即图 2-1 中的 Ⅰ 和 Ⅱ），误差越小，画分割线相对容易，也不可能造成细胞误分类。而图 2-2 中的红色渐变区域代表着训练误差，这一误差在 Ⅰ 和 Ⅱ 中比较低，而在 Ⅲ 和 Ⅳ 中较高，这是由细胞的高异质性造成的。

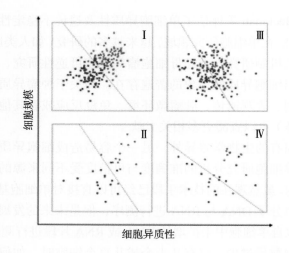

图 2-1　4 种可能出现的情景

图中横轴显示细胞异质性的高低，竖轴表示细胞规模（即细胞量的大小），共有 Ⅰ～Ⅳ 4 种情景。在每一种情景中，虚线表示运用支持向量机（SVM）对两种细胞所划的分割线

　　监测分类器经常被当作是正确预测分类的一种方法，可有多种潜在的应用方向，例如它可以用来预测判断转移癌的原发部位、进行微创诊断等。因此运用恰当的方法来准确预测细胞的分类至关重要。对于分类器在测试阶段的表现即分类的准确性非常值得关注，事实上，分类器对于已知样本的训练结果通常都很理想，但在实际测试时结果却往往不尽如人意，这种现象也被称为过拟合。

　　从图 2-2 中可以看到测试的误差范围（绿色渐变区域），总体上来说要比训练误差范围大很多。训练误差与测试误差的间距主要取决于样本的取样分类准确度，而这通常又是由样本的规模所决定的。因此，在样本量大（Ⅰ和Ⅲ）的情况下，间距相对就较小，样本量小（Ⅱ和Ⅳ）间距反而很大。

　　从图 2-1，图 2-2 中可以清楚地看到 Ⅰ 是最佳的分类情况，Ⅳ 是最坏的，Ⅱ 和 Ⅲ 则表现一般。在完成测试时需要在样本量与异质性间找到一种微妙的平衡，这样才可得到最佳的单细胞分类。

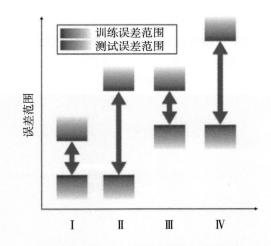

图 2-2 训练误差范围与测试误差范围

此图分别展示了图 2-1 中 4 种情景的训练误差范围与测试误差范围。低异质性组（Ⅰ和Ⅱ）拥有较准确的分类及较低的测试误差，而高异质性组（Ⅲ和Ⅳ）则分类情况相对较差并且测试误差也较大。另一方面，大样本量组（Ⅰ和Ⅲ）其训练误差与测试误差的间距较小，而小样本量组（Ⅱ和Ⅳ）训练误差与测试误差的间距较明显

三、 超级细胞模型

高异质性的细胞群体（如图 2-1 中的Ⅲ和Ⅳ）往往不能很好地被线性分割成两种细胞，因此，解决这种情况的方法就是采用弯曲的分割线。在高维空间中，有很多种运算法则（如 SVM、K-nearest neighbors、二阶和高阶判别分析等）都可以使用这种非线性分割线来进行分割。然而，这些方法都或多或少地存在着过拟合现象，即分类器在训练阶段表现很好而在测试阶段的表现却差强人意。为了解决这一问题而构建的超级细胞模型可作为一种数学模式，运用了熟知的一些统计学参数，能够加强细胞亚群的分类。

为了获得多参数的细胞表型，首先应定义出一个具有 N 个细胞的超级细胞模型，这 N 个细胞均为随机抽取，通常能够代表该样本的平均水平。通过重复抽取 N 个细胞的方法可以建立起一个超级细胞模型。在图 2-3 中，μ 代表每一个细胞，p 代表每一个细胞所检测的参数量。随机挑选 N 个这样的细胞，取检测结果的平均值，即 μS。由于单细胞规模 Ns 一般来说都比较小，因此，允许同一个细胞可以被抽取一次或一次以上，这种算法与 bootstrapping 算法类似。通过重复这一过程，从原始样本 Ns 中获得了具有代表性的样本 Ns′。需要注意的是，通过这种随机抽样的方式是最简单构建超级细胞模型的方法，若是在此过程中能够加入额外的相关信息，那么构建出的超级细胞模型可能会更好，例如，在高内涵复合组织成

像技术中获得的 2D 或 3D 空间构型信息（包括每一个细胞的位置、邻近细胞的方位、细胞外基质与微环境等）就可以运用在超级细胞模型的构建中。类似的信息，如细胞周期、细胞亚型等相关信息都可以加入在内。

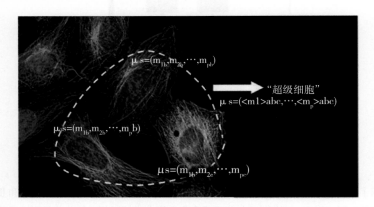

图 2-3 超级细胞模型的构建方法

μ 代表每一个细胞，p 代表每一个细胞所检测的参数量。随机挑选 N 个这样的细胞，取平均值，然后通过重复这一过程，我们就可以从原始单细胞样本中获得具有代表性的超级细胞模型

　　使用哪一种参数组合可以最佳地区分不同的细胞表型。在 Candia 等发表的文献中提到支持向量机的运算法则，运用这一法则可以很好地反映真实的数据结构。在线性条件下，分类过程中边界超平面中的向量机分量振幅可以被直接定义为该参数在分类决定中的重要性。通过引导合适的质量功能来平衡分离和鲁棒性，可以得到超级细胞模型最合适的规模数，从而在单细胞异质性过高或细胞数量过少的情况下也同样能得到最佳表型分类结果。

　　图 2-4 展示了从 2D 正态分布数据中随意抽取 20 个细胞进行分类后的结果，共有 3 组，分布形状和方差均一致。在单细胞样本中样本间高度重叠，没有完美的分割线可以将两者区分开（图 2-4a）。图中粗实线代表了使用 SVM 对样本（蓝方形点与红圆形点）进行分类所划的分割线，为了解决小样本量或细胞群过度重叠，用 SVM 的方法对新产生的 Ns=20 的样本做了分割，图中用虚线表示（注意图中没有表示出新添加的样本，只画出了样本分割线）。基于中心极限定理，通过构建超级细胞模型可以按预期的效果将两群细胞完全分割。为简单起见，选取的超级细胞规模 Ns′ 与起始单细胞规模 Ns 一致，均为 20。图 2-4b 的结果为 Ns′=10 时的线性分割，类似的虚线代表了不同样本间的波动情况。在图 2-4c 中，Ns′ 被提高到了 20，相应地，两群细胞间的间距也增大了，而不同样本间的分割线间距也被拉开，这就是"过拟合现象"。

单细胞　　　　　　　超级细胞规模为10　　　　超级细胞规模为20

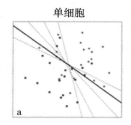 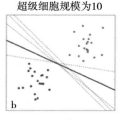 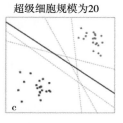

图 2-4　从 2D 正态分布数据中随意抽取 20 个细胞进行分类所得的分类结果

粗实线画出了使用线性 SVM 的样本（分别用蓝方形点和红圆形点表示）分类结果。虚线表示对新的预测样本（没有在图中表示出来）进行分类的分割线。a. 单细胞分类结果，两群细胞未能完全地被线性分割；b. 超级细胞模型规模为 10 时获得的线性分割结果；c. 超级细胞模型规模增加到 20 时的线性分割结果。虽然分类结果很理想，但是由于过拟合现象的存在，造成了鲁棒性相应减弱

需要注意的是，分割线的方位受多种因素的影响，其中之一便是样本的取样因素。在每一组中，只有 Ns 个单细胞是真正被检测到的，当 Ns 相对较小时，取样的影响就会非常大，这就会造成选取不同样本时分割线的间距增大。另一方面，在用 Ns 个单细胞构建超级细胞模型的过程中，也会存在导致分割线方位的波动差异，因为可以有很多种选取 Ns 个单细胞的方式。最后值得关注的是，由于中心极限理论的存在，在构建超级细胞模型的过程中，细胞分布会逐渐缩小，分布形态会逐渐倾向于正态分布，因此，如果原始的单细胞分布状态是歪曲的或者是肥尾的，或者是在预期的正态分布范围外存在很多的异常值，那么此时产生的超级细胞模型的分布图形与相应的原始单细胞分布图形完全不同。

分割线的方位传达出的另一重要信息就是不同检测方法的重要性。事实上，当一个细胞被检测的参数数量（即 p 值）非常大时，就可以对分割线进行排序，去除最不显著的，然后不断重复这一过程，这种方法也被称为回归特征消除。因此，基于这些原因，有理由相信通过构建超级细胞模型将有利于得到最佳的参数组合来描述不同的细胞表型，从而更好地处理细胞异质性所产生的影响。

根据 Candia 等的研究，超级细胞模型与 SVM 的联合应用模式已经逐步推广到多种单细胞技术中，例如，细胞核成像技术、多色流式细胞术等。医学上有两种非传染性的葡萄膜炎，即结节病与 Behçet 病。这两种疾病都是发生在眼部的病变，非常难于鉴别，治疗方式也完全不同。尝试运用分子表型来加以鉴别，实验中共收集到了 7 例结节病与 6 例 Behçet 病的样本，对样本中的每一个细胞进行了 2 种散射光、14 种荧光的检测。由于样本量太少，只能采用留一交叉验证法（jackknife）进行预测分类。同时对样本的 16 种检测指标的结果，按能够区分两种疾病的显著程度，从大到小对 SVM 分割线进行排序。选择性地去除最不显著的检测指标，探索可以正确预测全部（或大多数）样本分类所需要使用的最少检测指标数。图 2-5

展示的就是运用留一交叉验证法的结果。其中，超级细胞模型规模 N = 500，一位患者样本使用 100 个超级细胞模型，检测指标为 16 个，按检测指标总数从小到大排列，每张图表的右边，分别列出了排名前十的检测指标（图 2-5）。其中图 2-5a 显示了针对全部细胞做的 jackknife 结果，图 2-5b 显示了针对 CD8$^+$ T 细胞（在外周血中的比例为 5%）的结果。由于针对每一位患者样本分别运用了多个超级细胞模型，因此计算的预测结果必须满足超过 95% 的模型都位于 SVM 分割线的一边这一条件。图中柱形条显示了预测分类正确的百分比（绿色）、未能进行分类的百分比（蓝色）及分类错误的百分比（红色）。针对全部细胞进行的预测分类结果非常不理想，而当检测指标超过 5 个（包括 5 个）时，预测的 CD8$^+$ T 细胞的分类则非常准确。因此，可以对图 2-5b 中列出的前 5 个检测指标进行线性整合，作为 CD8$^+$ T 细胞中用以区分以上两种疾病的分子表型。

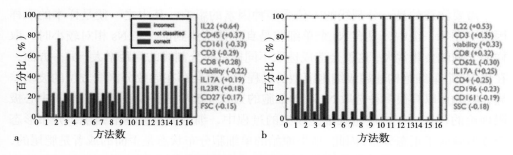

图 2-5　运用多色流式细胞术对超级细胞模型进行分类

四、实例解析：超级细胞模型在单细胞转录组测序中的应用

这部分的重点是探讨超级细胞模型在单细胞转录组测序中的应用。其关注点并不在于生物学本身，而是在方法学及当高维单细胞数据集收录的细胞数量有限（小于或等于 100 个细胞）时其作为数据分析工具的潜力。

运用已发表文章中的公开数据［在小鼠发育的 4 个阶段中获得肺上皮细胞的转录组测序数据 E14.5、E16.5、E18.5 与 AT2（成熟阶段）］加以阐述。在数据分析中，使用了 45 个 E14.5 细胞、27 个 E16.5 细胞、34 个 E18.5 细胞及 46 个 AT2 细胞，共计 152 个细胞。Treutlein 等的研究发现了大量可以区分不同细胞群的新的转录调控因子及细胞表型标志物。

在获得了转录组测序数据 FPKM 值后，换成 log2（FPKM+0.5）的形式，但由于转录组数据非常稀少，大多数条目基本都为零（在 log 形式下显示为 -1）。因此，这些来自于低信噪比、小样本、高维空间的数据常给数据分析工作造成影响。

高维空间的问题可以通过挑选几个特征参数中的一个参数进行后续分析的办

法来解决。前面提到在通过多色流式细胞术对细胞表型进行分类后，再进行回归特征消除（又称为向后逐步选择）以去除最不重要的标志物，直到找到核心标志物。也可以考虑单个参数，首先选择其中分类误差最小的，然后逐步重复这一过程，并不断在模型中添加更多的预测参数，但一次仅限一个。这一自底向上的过程称为递归特征添加或逐步向前选择法。参数选择的方式也可以是混合的，即连续添加预测参数，从类推到前向选择，但是每一步都可以去除分类中不起作用的检测参数。

还有一种方法主要关注的是基于信号通路的生物学相关基因组信息。在筛选未知的基因组方面，这种方法正好做到了完全无偏倚的互补。事实上，之前提到的方法都更偏重于已知的方面，而即将提到的方法则更多地将研究者引向未知领域，探索新的分子机制，打开新的研究方向。这里回溯一下之前提到不同阶段小鼠肺上皮细胞的转录组数据，重点关注与小细胞肺癌及非小细胞肺癌相关的KEGG 信号通路中的致癌基因与抑癌基因组。在所有的 152 个单细胞样本中，撇开未被检测出的两种基因（*Alk* 与 *Cdkn2a*），选择 9 种目的基因分别是 *Eml4*、*Fhit*、*Kras*、*Myc*、*Pten*、*Rarb*、*Rassf1*、*Rb1* 与 *Trp53*。

前文中提到用 SVM 的方法对多参数单细胞检测数据进行二分类，现在需要解决的是四分类问题，并且由于超出检测临界值，很多转录组测序数据都为零，因此，相比于使用 SVM 的方法来画分割线，在解决这一类分类问题上更倾向于使用另外一种分类方法——随机森林，这是一个用随机方式建立的，包含多个决策树的分类器，目前已成功应用于多个生物信息学研究。随机森林可以广泛应用于样本的预测，即使是非线性的或者存在复杂的高阶交互作用，并且对每个变量预测参数都会赋予一个重要性值。

图 2-6 展示了随机森林在单细胞数据集中的应用。基于带外数据（OOB），图 2-6a 中箱线图显示了四个分组中的带外数据（OOB）误差率分布结果，每一组使用至少 100 个迭代次数的随机森林，每个森林使用 1000 个决定树。在发育的最早期阶段，E14.5 与成熟阶段的表型鉴定结果非常理想（OOB 误差率分别为 11% 与 19%），发育的中间阶段 E16.5 与 E18.5 的结果则不太理想（平均误差率均大于 60%）。单细胞样本的总体平均 OOB 误差率为 34%。通过记录带外样本预测参数的准确度下降比例［不包括已知的预测参数（基因）］，可以得到该预测参数的变量重要性值。图 2-6b 显示了单细胞样本中使用随机森林运算所得的每一个基因变量的重要性值。通过标准化运算，变量重要性值的总和为 1，值越大，表示在分类决定中的重要性越高。

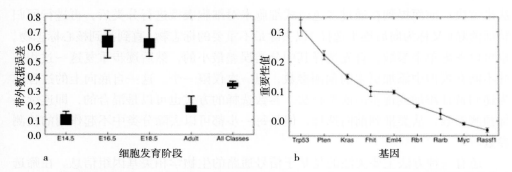

图 2-6   不同阶段小鼠肺上皮细胞 E14.5、E16.5、E18.5 与 AT2（成熟阶段）转录组测序数据的随机森林运算结果

现在可以将其与超级细胞模型进行结合了，根据基本原理，首先生成一个包括 45 个 E14.5 超级细胞模型、27 个 E16.5 超级细胞模型、34 个 E18.5 超级细胞模型、46 个 AT2 超级细胞模型的总超级细胞模型体。通过对 N 个随机选取（同样的细胞可以被选中一次或一次以上）单细胞样本的各项参数（在这一案例中，有多个基因参与）进行平均化后获得一个规模为 N 的超级细胞模型。基于这样一个总超级细胞模型体，运用随机森林的学习方法，使用了 1000 个决定树。然后，像对原始单细胞数据所做的一样，重复这一过程 100 次，并且检测每一次的 OOB 误差率分布。

图 2-7a 显示了不同规模超级细胞模型的平均 OOB 误差。像预期的一样，基于中心极限定理，随着超级细胞模型规模的逐渐增大，平均 OOB 误差逐渐降低。为了挑选到最佳的超级细胞规模，首先需要制定一个标准，以此来挑选最适合模型的灵活度。换言之，需要优化所谓的偏置方差权衡，即当按比例分配超级细胞模型时，细胞分布缩小了，重叠部分也减少了，更容易进行细胞分类。然而，由于超级细胞模型间的互相关联，偏倚的降低是以方差增大为代价的（如超级细胞模型学习的观察值不具有统计独立性，就像单细胞样本一样，与独立的超级细胞模型观察值对等的样本规模比起最初的单细胞样本规模来说要小得多）。作为一种简单地以调整 OOB 误差率来选取模型规模的方法，可以运用 IC = OOB error + $d \sigma \sqrt{N}$ 的点对点信息判据公式（第二项为通过运用高维参数空间维数 d 及超级细胞规模 N 所计算出的补偿）粗略地估计预测率。$\sqrt{N}$ 依赖于这样一个事实，基于中心极限理论，超级细胞模型的分布宽度缩减为 $\sqrt{N}$，而 σ 代表了每一个检测误差 ε 所计算出的总体预估方差。这一案例中采纳了 $\sigma = 0.01$，d=9。图 2-7b 显示了不同超级细胞规模下的 IC 值。通过对 IC 值的调整，预估预测误差最小时的模型规模为 N=3，对于 N>3 的情况，由于 OOB 误差率减小，IC 值相应增加。需要指出的是，如果数据集足够大，验证集与交叉验证方法就可以被用来直接预估

预测误差。

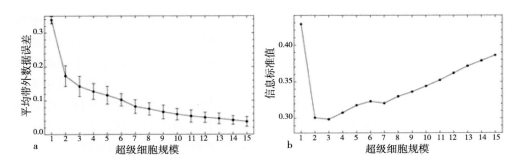

图 2-7　随着超级细胞模型规模变化而变化的随机森林结果

　　图 2-8 显示了超级细胞模型规模 N=3 时的随机森林结果。图 2-8a 显示了每组的 OOB 误差率分布（每组结果都重复了至少 100 个随机森林，并且每个随机森林的计算结果都包括 1000 个决定树）。通过与图 2-6a 中单细胞 OOB 误差率分布的比较发现，当 E14.5 与 AT2 组别中的误差率微微上调时，处于发育中间阶段的组别（E16.5 与 E18.5）的分类情况将会有极大改善，总平均 OOB 误差率也显著降低。图 2-8b 显示了使用随机森林运算所得的每个基因的变量重要性值。通过标准化运算，使变量重要性值的总和为 1，并且值越大，表示在分类决定中的重要性也越高。超级细胞模型中的标准差（以竖杆的跨度表示）普遍要大于单细胞样本中的标准差，并且各种基因的重要性值无显著差异。

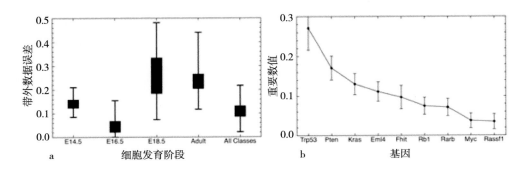

图 2-8　超级细胞模型规模 N=3 时的随机森林结果

五、小结

　　超级细胞模型是利用单细胞多维数据进行表型分类的一种方法，具有多维性，可以代表细胞群体的整体表现，因此被广泛应用于单细胞生物研究的多个方面，例如，多色流式细胞术、高内涵图像分型术等。从概念上讲，这一方法可以解决传统单细胞表型鉴定分类的难点（即细胞突发的改变、细胞异质性等），可作为群体细胞表型鉴定分类的基础。在很多单细胞研究领域，检测细胞及每个细胞检测多少个指标往往会受到投入经费、技术能力、样本收集等因素的限制，因此，从实际应用前景来看，超级细胞模型具有明显优势，因为它能够提供单细胞样本规模及鉴定分型所需检测指标数的量化信息，而这对单细胞的研究工作非常重要。

低信噪比、小样本、高维空间的单细胞测序数据通常会给数据分析工作造成极大的困扰，而超级细胞模型恰恰可以提供处理这一难题的有效方法。希望这一工具，或者称其为概念，在未来可以有效促进单细胞生物学研究的发展。

（钱梦佳）

第3章

微生物单细胞基因组分析

微生物占据了全球生物总量的 50% 以上，对全球气候、生态环境及人类生活具有重要影响。为了研究这些微小的生物，人们发展了一系列依赖纯培养的技术手段。然而，近年来的研究显示自然界可被纯培养的微生物占所有微生物的不足 1%。单细胞全基因组测序是一种直接获得单个细胞基因组序列信息的方法，通常包括单细胞的分选、全基因组的扩增和测序等步骤。微生物单细胞基因组分析为人类认识微生物打开了一扇窗。

一、微生物与非可培养微生物类群

地球上绝大多数微生物目前均无法在实验室中进行纯培养。据估计，非可培养的微生物类群超过了微生物种类的 99%。因此，传统基于纯培养手段进行的微生物学研究仅能提供十分有限的微生物学信息。核糖体小亚基 RNA（16s rRNA）基因序列的分析与 PCR 技术的结合极大地丰富了我们对微生物群落多样性的认识。这一方法使人们得以不断发现许多尚不可纯培养的微生物类群（称非可培养的大多数），据统计包含 40 ~ 50 个新的细菌门，以及类似数目的古菌类群，被一些科学家称为"生物学中的暗物质"或"微生物中的暗物质"。近年来，元基因组学（直接从环境中获得整个微生物群落的基因组序列并进行分析的研究方法）和单细胞基因组学取得的成就为人们认识和研究这一生物学中的"暗物质"打开了一扇窗。

二、单细胞基因组分析的基本方法

单细胞全基因组测序是一种在快速测序技术帮助下分析单个细胞基因组信息的手段，这种方法可以有效获得在特定环境中单个细胞的基因组序列。通常来说单细胞全基因组测序的方法由两部分组成：单细胞的分选和全基因组序列的测定。

（一）显微操作

显微操作是一种精准但费力的单细胞分选方法。在显微操作设备的帮助下，人手可以进行精确度在微米级别的精细操作，例如，捕获、注射及切割组织和细胞。

显微操作通常通过玻璃微管、光钳或激光显微切割进行。

1.玻璃微管分选单细胞　　这种方法是通过使用一次性玻璃微管捕获单个细胞，这种玻璃微管首先会经过商业化的拉管设备加工，制备成符合实验需求的外形和内径尺寸。人们利用这种方法成功获得了许多微生物细胞的基因组，如 Woyke 等成功获得了非可培养细菌 CandidatusSulciamuelleri DMIN 的单细胞全基因组。玻璃微管分选单个细胞方法的最大缺陷是：将细胞从培养基或储存介质中分离出来需要跨越一个很长的距离才能转移到微管或微盘中，再进行后续的全基因组扩增等操作。而这种转移细胞的操作也是最费时费力的步骤，因为细胞转移的过程通常是不在显微镜视野下完成的，无法确认细胞是否被正确地转移到目标容器中，同时可能引起污染。

2.光钳分选单细胞　　光钳是一束具有牵引力的激光，通过光钳分离单细胞的原理是：在显微镜下，利用光钳将单个细胞固定，然后通过电脑控制载物台移动，使细胞从待分选样品中分离出来，并转移到同一平面预先准备好的区域进行后续基因组扩增操作。尽管这种方法曾被用作分离嗜热细菌和古菌培养，但是尚未被应用到单细胞全基因组测序中。另外，由于光钳的原理是利用高度聚焦光束产生的牵引力对细胞进行操作，因此可能会对细胞造成损伤。

3.激光显微切割分选单细胞　　激光切割与压力捕获相结合能够从器官组织等样品中分离特定的单个细胞。这项技术最先由 Schütze 等报道：待分析的细胞被平铺在一层聚乙烯膜上，在显微镜下根据细胞形态和组织学特征定位有研究价值的细胞，再用激光在目标细胞周围切割出一个很小区域，使目标细胞连同下层聚乙烯膜与周围样品分割开来，最后通过一道光束让这一小块膜连同细胞弹射到微管中进行后续基因组扩增等实验操作。这项操作可以切掉细胞周围的区域，因此不仅可以分离单个细胞，对比较大的细胞还可以分离出一个区域。除了进行全基因组扩增之外，人们还将此方法分选出的单细胞用于 DNA 基因分型和杂合多样性丢失、RNA 转录特性分析、cDNA 文库构建、蛋白质组及信号通路的特征研究。相较于其他显微操作技术，激光显微切割分选单细胞的优势体现在操作简便、速度较快且功能灵活多样。激光显微切割分选单细胞的主要缺点是在转移细胞过程中容易出现细胞丢失或者污染等。

（二）流式细胞仪

用流式细胞仪分选单细胞需要将单细胞悬浮于特定缓冲液中，然后通过多种电子检测设备对细胞悬液进行分析，这些检测设备可以每秒数千或更快的速度分析流经颗粒的理化性质，流式细胞仪根据预先设定的参数将这些颗粒进行分类，将符合细胞特征参数的颗粒弹射到容器中用于后续实验操作。流式细胞仪在单细胞全基因组测序中的应用有众多成功的案例，这其中包括揭示了许多尚不可纯培养微生物的代谢方式。

　　荧光标记细胞分选系统是将细胞荧光染色和流式细胞仪分选相结合的单细胞分选技术，优势是能够将具有不同基因型的细胞加以区分标记，这样经过流式细胞仪时带有荧光标记的细胞就会很容易被仪器检测出来加以分离。然而近年来的研究表明，这种结合了荧光染色的分选方法会对下游单细胞全基因组测序造成不利影响，原因之一是荧光染色要求细胞经过多聚甲醛的固定化处理，这个过程可能会使细胞 DNA 和蛋白质交联进而影响基因组扩增。

　　流式细胞仪的优势在于它能在短时间内分析并分选成百上千个细胞，但这种方法也有其固有的缺陷。首先，用于流式细胞仪分选的样品必须是单细胞的悬液，这将增加为分选在自然环境中以生物膜形式生长的微生物的难度。在界定分选细胞的参数上也存在着诸多难题，一方面，目前对流式细胞仪产生的数据分析和仪器参数设定上缺乏标准化的规范，这是因为人们对单个细胞的理化参数了解有限，并且不同的细胞之间这些理化参数差异可能很大，这就为人们在研究的初始阶段建立分选方法和分析数据带来许多难题；另一方面，要获得高特异性、高精确度的细胞分选结果往往需要大量细胞特征参数，这就要求增加检测器的数目，但是能够同时运作的测器数目是有限的，实际操作中检测器的数目通常均小于 20 个。

　　（三）微流控芯片

　　微流控芯片是一个进行单细胞操作的良好界面，它分选单细胞的主要原理是微滤器和流体动力学机制（包括流场分离、流体力学过滤和惯性微流等）。目前微流控芯片在单细胞研究领域的应用主要是在血细胞研究方面。和流式细胞仪分选技术类似，微流控芯片分选方法的实施也需要对细胞的理化性质有充分了解，因此对于微流控芯片分选单细胞方法而言，主要的问题是设计和制造分选不同细胞的微流控芯片。

三、全基因组扩增的技术方法

　　通常来说基因组的测序至少需要微克级别的 DNA，但是单细胞仅包含皮克级别的 DNA。为了实现单细胞全基因组测序，人们发展了多种针对微量 DNA 的扩增方法，如改良的聚合酶链式反应（modified-PCR）就是一种经典的全基因组扩增手段。这种方法需要热循环过程、Taq DNA 聚合酶（或类似的酶）和引物（可能是随机引物、变性引物或者通用引物）。和传统的聚合酶链式反应类似，由于 Taq DNA 聚合酶缺少纠错能力，因此通过这种方法获得的全基因组 DNA 错误率很高。新发展起来的全基因组扩增技术——多重置换扩增（multiple displacement amplification，MDA）和多重退火环化依赖型扩增循环（multiple annealing and looping-based amplification cycles，MALBAC）相较于传统全基因组扩增方法有显著进步。

（一）多重置换扩增

多重置换扩增（MDA）是一种与 PCR 截然不同的 DNA 扩增技术。尽管 MDA 也需要随机引物，但是 MDA 的扩增过程是一个恒温的扩增过程，并且其扩增产物产量更大、错误率更低。通过 MDA 技术，人们可以从少量 DNA 快速地扩增出足够量的 DNA 用于基因组分析。

通常来说 MDA 反应主要包括两个步骤：首先，随机引物和 DNA 模板间发生退火，然后 Φ29 DNA 聚合酶在 30 ℃恒温条件下快速扩增出大量 DNA。Φ29 DNA 聚合酶是一种从噬菌体 Φ29 中发现的 DNA 聚合酶，这种酶采用链置换机制生成 DNA：DNA 聚合酶 Φ29 可以在 DNA 上形成多个复制叉，并在每一个形成的复制叉上开展指数级联的链置换扩增，这样 MDA 就能使用极少量的 DNA 模板产生足够量的 DNA 用于基因组分析，这使单细胞全基因组测序成为可能。更值得一提的是 DNA 聚合酶 Φ29 的扩增产物长度很长，为 20kb 至 0.5Mb，并且产物的错配率很低（错误率为平均每 106 ~ 107 个碱基对中有一个错误，而 PCR 的错误率约为每 9000 个碱基对中有一个错误）。因此，MDA 产物不仅可以直接克隆到载体上构建测序文库，还被应用于鉴定多样型重复等位基因的长度及单核苷酸多态型等位基因的检测。

MDA 反应也存在许多难以克服的缺陷，由于过度扩增和等位基因遗漏，MDA 过程会发生偏性扩增（amplification bias）。偏向性扩增的结果会使一部分基因序列得到大量扩增，而另一部分序列在扩增中被逐渐遗弃。另外，随机引物之间的相互作用会让 MDA 反应在没有模板的情况下也能扩增出产物，这会直接影响实验过程中阴性对照结果和单细胞全基因组测序中 DNA 污染的控制。

（二）多重退火环化依赖型扩增循环

多重退火环化依赖型扩增循环（MALBAC）反应是一种基于 PCR 扩增原理的基因组扩增方法，但是与传统 PCR 不同的是该反应引入了拟线性化预扩增（quasilinear preamplification），这种线性化扩增相较于 MDA 的非线性扩增，能够降低扩增的偏好性。在拟线性化的预扩增阶段，单细胞基因组 DNA 首先在 94 ℃解链，然后与专门为 MALBAC 设计的引物在 0 ℃退火产生半扩增子（semiamplicons），最后拟线性化的预扩增反应进入 5 个热循环阶段，其中每个循环都会产生许多自身环化的扩增产物，这些产物是经过 0 ℃退火、65 ℃延伸、94 ℃解链及 58 ℃自身环化四个步骤形成的。扩增产物（扩增子，amplicon）自身环化的意义是防止自身再次作为模板用于扩增，从而防止偏好性扩增的发生。

在经过拟线性化预扩增反应后，只有完整的扩增子将被用作接下来的 PCR 反应模板，这个 PCR 反应是采用普通 PCR 的 27 个核苷酸长度的引物而非随机引物作为模板的，经过 PCR 反应后可以生成微克量的 DNA 扩增产物，产物的量足以用于后续的测序。

相较于 MDA 扩增反应，MALBAC 具有显而易见的优势。MALBAC 的过程引入了拟线性化预扩增，能有效防止扩增的偏好性，而扩增偏好性的降低可以增加测序结果的覆盖率，并且降低假阳性和假阴性突变的发生。因此，相较于 MDA 等其他单细胞全基因组扩增方法，MALBAC 具有显而易见的优势。但是，MALBAC 中 PCR 过程使用的 DNA 聚合酶保真度不高，容易在扩增过程中引入错误。

四、单细胞全基因组测序应用于不可培养微生物的研究

原核微生物古菌和细菌在地球生物化学循环中扮演着重要角色，与人类共生的微生物对人们的健康有着重要影响，很多重要的天然活性物质都是从微生物中发现的，这些天然产物对人类的生产生活具有重要价值。尽管人们通过传统的研究手段积累了大量微生物学知识，但是由于地球上绝大部分微生物尚未实现纯培养，因此大多数微生物的代谢功能和生理特征人们仍然不了解。单细胞全基因组测序为人们揭示微生物的群落组成、多样性，以及潜在的代谢功能提供了新的方法。

在最近 20 年间人们获得了一大批非可培养微生物的基因组，这些微生物来自泥土、海洋、人体、地球深部生物圈及其他环境。这其中有许多都是通过流式细胞仪发现的，因为流式细胞仪是目前速度最快的单细胞分选手段。例如，Rinke 等对 201 株非可培养古菌和细菌的基因组分析发现细菌中存在许多类似古菌的代谢功能，并且古菌中也存在许多过去被认为只存在于细菌的代谢特征，这些发现激起了人们对古菌和细菌划分的重新思考。Lloyd 等通过单细胞全基因组测序手段研究了在沉积物中普遍存在的古菌类群，对这些古菌的单细胞基因组序列分析表明这些在海洋沉积物中占优势的微生物可能参与了蛋白质的厌氧降解，而这一生态学功能在过去人们从未意识到。

通过单细胞全基因组测序还发现了许多在环境中种类繁多但是生物量较低的微生物，Kashtan 等在蓝细菌原绿球藻的群落中发现了数百种共生的微生物；McLean 等从污水管的生物膜中分离出了一些生物量很低的致病菌单细胞基因组，这些发现将为研究环境中少量存在的致病菌如何向宿主转移提供重要的理论基础。

单细胞全基因组测序技术让人们能够认识非可培养微生物的代谢途径，比较分布在不同环境下相似微生物类群的代谢机制。厌氧甲烷氧化古菌（ANME）是一类对全球气候具有重要影响的微生物，但是由于这类古菌尚未获得纯培养，人们对它们的了解还十分有限。通过显微操作方法，研究者得到了这类微生物其中一个亚群（ANME-2a）的单细胞团基因组，序列分析发现 ANME-2a 具有完整的甲烷产生途径，与 ANME-1 古菌具有不同的甲烷代谢和电子传递机制。

五、小结

单细胞全基因组测序是一种快速发展的研究非可培养微生物的技术手段，它为人们研究非可培养微生物提供了新方法和新思路，近年来的研究结果显示了这项技术的可靠性和广阔的应用前景。单细胞全基因组测序技术的快速发展使人们获得越来越多的微生物基因组序列，同时这项技术被证明在真核生物的研究特别是人体细胞和疾病的研究中也有着宽广的应用领域。

（王凤平　陈　颖）

第 4 章

单细胞测序在动态转录组中的应用

近年来，对于单细胞转录组分析的兴趣，尤其对于稀有或异质细胞群分析的兴趣有了很大提高。单细胞转录组测序的飞速发展，很大程度是由于测序技术的进步及其在各领域的成功应用。随着该技术的日趋成熟，可预见其在研究健康及病变组织的异质性及嵌合性、罕见细胞样本等多领域的广泛应用。

一、单细胞转录组动态分析的应用价值

每个单细胞都是独一无二的，它占据组织中特定空间，携带其自身特定编程的基因组及转录组拷贝，且可因外界环境信号的刺激而发生改变。在单细胞层面获取基因表达水平信息有助于理解细胞在发育、成熟及病变组织中的细胞行为及组成。然而，在过去的数十年，人们对于转录组的理解仅局限于组织 / 细胞群水平的观察。人们习惯于根据基因表达的倍数变化来衡量组织间或不同条件下的基因表达差异。从这种意义上来说，一部分经历了巨大变化的细胞子集的表达变化被大多数无反应的细胞所埋没；此外有证据表明，单细胞对诱导信号的反应往往是以全或无的方式展现的，而一旦以细胞群来定量，观察到的则是量级程度变化。为了解决这些问题，单细胞转录组动态分析方法的建立一直是研究热点。

人们也许会认为包括单细胞转录组分析在内的单细胞水平分析会丢失"系统"（组织 / 细胞群）水平的信息。确实，单细胞之间个体差异大而功能上是同质的。每个单细胞本身不能够代表整个组织 / 细胞群，故而从这层意义上讲，"系统"水平的信息丢失了。然而，同时研究同一系统中的多个细胞，便可轻易克服这个问题。通过整合来自多个单细胞的结果，可建立起系统水平的信息。这也是系统生物学的主要目标之一——通过先化整为零，然后整合分析，来推测系统的全面信息。

单细胞测序技术的应用将改变生物医学研究的诸多领域。神经科学、免疫学、肿瘤及诱导多能干细胞（iPS 细胞）等领域，已开始从这些新技术中获益，因为在这些领域中，细胞是高度异质性的，以大块组织 / 细胞群为基础的研究方法往往

是不够的。一些其他领域，如着床前基因诊断，由于样本非常稀少、珍贵且难以培养，也因为单细胞研究技术的发展而变得可行。

尽管单细胞转录组测序技术前景广阔，并在近年来取得了巨大进展，但仍处于发展的早期阶段。要达到单细胞层面的分析并非易事。单细胞测序技术本身充满挑战，技术所涉及的每一步，从细胞分离到基因组或转录组的扩增，以及最后应用生物信息学工具分析阐释数据，仍亟须大量技术改进与革新。另一方面，成本也是需要考虑的因素。为了建立系统水平的信息，单细胞相较组织来说需要更大的样本量。尽管测序价格剧降，但对于普通小型实验室仍然昂贵。在决定是否要进行单细胞水平研究时，必须要考虑效益/成本比。在做决定前可以提诸如此类问题："单细胞测序是否确实可以满足我们的研究目的？""用相同的预算，我们是否可以从单细胞分析数据中发现比细胞群水平分析更多的信息？"等。如果答案是否定的，那么就不需要立即应用单细胞测序，因为单细胞测序难度更大，费用更高，并且以目前拥有的生物信息学工具来解释分析单细胞测序结果中的变异性很难。如果是针对已知为同质性组织的研究，单细胞测序相比大块组织的研究或许并无明显优势。然而，对于更复杂的系统，例如中枢神经系统、血液和免疫系统，甚至其组成细胞，在有充足资金的情况下，单细胞测序显得更具优势。

二、单细胞转录组测序的基本原理和步骤

虽然目前多个领域都有单细胞测序的实验方法，但其基本原理和组成是相似的。在详细介绍单细胞转录组测序过程的每一部分前，首先对一般工作流程做一综述（图4-1）。

图4-1中所示为单细胞RNA测序的基本步骤。

（一）从组织/细胞群获取单细胞

要进行单细胞RNA测序，首先需要从一个大的细胞群中分离出单细胞，然后将每个单细胞放入独立的反应体系。早在高通量表达谱技术发明前，已有多种方法可从细胞群中分离单细胞。常见的第一种是利用显微操作器进行显微操作分离。这是一种在显微镜下对细胞样本进行物理操作的方法。配合应用微吸管，显微操作器可以固定细胞并直接吸取细胞内容物。显微操作术虽十分精准，但费时费力。由于需要手工操作，因而产出低下。对于可分离制备为细胞悬液的组织，使用细胞分选技术有助于自动处理并富集表达特定标记的细胞,如流式细胞术、磁珠分选。然而，这类技术并非能将每个细胞彼此间完全分离开，故无法适用于后续的单细胞基因表达分析，因为该基因分析要求细胞裂解后每个细胞的组分必须独立分开。最后一种，也是最具发展前景的方法，即最新发展的微流体装置技术。这种装置利用小容积管道中的流体特性，以高通量的方式获取单个细胞，后续的表达谱分

析也可集成到该装置中，形成一体的分析体系。

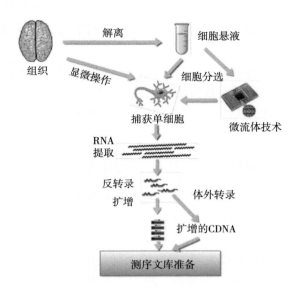

图 4-1 单细胞 RNA 测序概览

（二）RNA 测序

获取单细胞后，细胞中的 RNA 将被提取出来用于测序文库的制备。许多学术或商业机构提供的 RNA 测序方法均适用于单细胞表达谱。尽管方法各异，但均首先利用反转录酶将 RNA 转化为第一条互补 DNA 链（cDNA）。这些方法的共同目标，就是要捕获原初的 RNA 分子，并尽可能均衡而准确地将其扩增。实际上，捕获效能受反转录酶从细胞中抽样 RNA 分子能力的影响。这种抽样过程是随机的，并且可通过减少反应体系容积及使用更高效的反转录酶来改善。扩增也是一个至关重要的步骤，因为任何在起始步骤中产生的误差会被放大，从而增加结果中的信号噪声。尽量减少 PCR 的循环数，通过混合多种 DNA 条行码标记的 cDNA 来增加起始原料数量，均是减少扩增误差可以考虑的策略。有一些方法还利用分子索引序列来标记每个单独的 RNA 分子，就像数字 PCR 那样，原初分子的绝对数目可以直接计算出来，从而避免了不均衡扩增的影响。

能够方便地扩展规模对于单细胞测序也是十分重要的，因为同一次实验采集多个单细胞样本，才能确保捕获诸如生物学变异等"系统水平"的信息。从这一点上讲，微流体装置可设计并整合于后续测序文库制备过程，从而提供高通量并使操作标准化。

（三）生物信息学分析

随着单细胞 RNA 测序技术的持续发展，可以预计在不久的将来会产生越来越多的数据。但这种"数据爆炸"的挑战还需要通过开发新的算法与软件来帮助解决。实验室的生物学家必须与计算生物学家密切合作来解读由大量单细胞实验得到的大数据集，而用于区分单细胞转录组测序中真正的生物学变异与技术噪声的统计学方法也在开发中。

目前，数据分析的标准流程还没有确立，因为数据往往来自不同的平台和不同的实验设计。然而，低层次数据处理在本质上与标准 RNA 测序是相同的，可直接应用一些成熟的算法 / 软件 / 程序包。低层次的数据处理包括序列比对及转录组构建。

三、用于单细胞测序的微流体装置的开发

如前所述，单细胞测序的第一步是从大细胞群中分离单个细胞。在这部分我们将探讨单细胞分析（不仅仅针对测序）的一些方法，并着重介绍极具前景的微流体装置。

单细胞分析方法历经长期发展。显微镜无疑是用于单细胞分析的第一个仪器，因为细胞最初就是在显微镜下发现的。随着技术发展，其他方法如显微操作器、组织染色、原位杂交（ISH）、膜片钳、质谱仪和流式细胞仪等逐渐被用于单细胞分析。

所有这些方法均有其自身的优势与劣势。微量吸管产出量低下且耗费劳力。组织染色及原位杂交十分敏感，可用于同时检测具有独特保守信息的多个基因，但其准备过程仍需要大量基础性工作。

获取单细胞的常用方法之一是应用流式细胞仪。针对取得细胞的不同应用，这种仪器可用以下几种方法将细胞群分离为单个细胞：第一种方法，根据细胞大小分类。这种方法仅能挑选出最大或最小的细胞。第二种方法，根据细胞形状及形态学来进行分选。第三种方法，应用荧光激活细胞分选术（或流式细胞术，简称 FACS），基于已知细胞类型的荧光标记来分离细胞。FACS 在细胞数上是高通量的，并且近年来其多路复用能力（同时获取多种细胞类型的能力）有所增加。细胞通常用可与跨膜或胞内蛋白结合的荧光抗体标记，或者用可识别特异 mRNA 或 DNA 分子的荧光探针标记。多个标记可同时组合使用。FACS 的采用实现了细胞亚群的分选，这对样本富集或细胞采集具有重要意义。

尽管流式细胞技术有许多优点，但并非完美无缺。准备样品仍费时费力。流式细胞仪的多路复用能力受限于荧光光谱的重叠。由于标记是直接在全细胞上进行的，故而一些细胞内的分子可能难以探测。一些分泌型蛋白也无法用流式细胞仪来分析。

近年来，为适应单细胞分析的需要，微流体装置技术得到了迅速发展。微流体装置利用小容积的液体流来捕获细胞，对单细胞分析具有诸多优势。这种装置

通常含有与哺乳动物细胞尺寸相近的隔室，在保持反应体系体积微小的同时对单细胞有更好的控制和更精准的操作。微流体装置提供的微环境可减少反应体系所需的容量，增加反应浓度，防止样本丢失及污染。此外，微流体装置可设计为各种功能隔间的组合，从而使细胞捕获、溶解及下游分析得以在同一装置内完成。简单地说，微流体装置可以被想象为小型流水线，其中的样品通过毛细管通道从一个特殊功能的隔室循环到另一个隔室并发生反应。该装置可被嵌入类似微阵列芯片的硅芯片平台中。这些芯片可由计算机帮助设计，应用类似于微机电系统（MEMS）的生产装置进行生产组装。根据制造独立隔室的不同策略可将芯片分为两类。一类使用固体边界材料分割不同的功能隔室，诸如微室、微孔或微阀；另一类使用液体边界，例如微乳液。关于微流体装置的更多信息，大家可以参阅更多的文献获得。

四、RNA 测序方法的基本步骤

近年来 RNA 测序技术逐渐成熟，并迅速取代微阵列成为转录组测序的首选方法。除了能够更为精确的测量表达水平，RNA 测序具有很多其他优势，包括新转录本的探测、剪接异构体构建及链特异性表达分析等。完美的 RNA 测序应均匀覆盖整个转录本，保留链信息并使得 mRNA 表达水平精确定量。然而，取决于所采用的实验方法，这些预期并不能同时实现，特别是对单细胞 RNA 测序来说。

一个测序项目的大部分工作围绕在将样品放入测序仪之前的测序文库准备上。准备 RNA 测序文库的样品处理过程大部分基于数十年前建立起来的分子生物学方法。大多数 RNA 测序文库的准备方法包括以下基本步骤：多聚（A）+ RNA 分离、片段化及大小筛选、反转录及扩增。

（一）多聚（A）+ RNA 筛选

多聚（A）+ RNA 筛选这一步骤的目的是从测序文库中去除核糖体 RNA、tRNA 等结构 RNA。细胞中大部分 RNA 是这类结构 RNA，它们消耗大量的测序片段，从而降低了有用的信息量。大多数 mRNA 含有多聚（A）尾，结构 RNA 则不含。这样，多聚（A）筛选可富集 mRNA，且利于分析低丰度 mRNA。总 RNA 简单地通过变性而暴露出多聚（A）尾。多聚（A）+ RNA 与 oligo（dT）结合，而 oligo（dT）则共价结合在固定的底物上。最终多聚（A）- RNA 被洗脱，而多聚（A）+ RNA 被提取出并用于后续步骤。尽管优势明显，但这种方法将多聚（A）-RNA 排除在外，无法对其分析。测序深度的进展将最终使得多聚（A）筛选成为非必需步骤。

（二）片段化及大小筛选

目前，大多数下一代测序仪仅能对短片段进行测序。因此通过片段化这一步骤从原始转录本生产短 RNA 或 DNA 片段是必需的，以适应测序仪对片段长度的要求。优化的片段化过程可以提高表达量测量的精准度，并减少代表片段在转录本上的位置偏好。已有多种方法成功应用于片段化步骤，包括机械法、化学法及酶催化法。由于多数测序仪对 DNA 长度有所限制，通常在片段化后也会进行基于凝胶或珠子的大小筛选。

（三）反转录

反转录用于制备扩增时所需的 cDNA 模板。这一步骤是必需的，因为尚不明确 RNA 依赖的 RNA 多聚酶是否适用于 RNA 扩增。取决于所用引物的类型，反转录酶可从 RNA 模板内部（由随机六聚体作为引物）或末端 [由 olig（dT）作为引物] 开始聚合。理想情况下，诸多准备步骤中的随机性应产生起始位置（相对于其所来源的转录本）随机均匀分布的片段。然而，实际上并非如此。无论是位置（局部效应，片段更倾向于定位在转录本的起始或末端）还是序列特异性（全局效应，潜在片段两末端周围的序列影响其被选择的可能性），偏倚均会被引入反转录步骤。这些偏倚很大程度上受到酶持续合成能力的影响。当酶解离降低时，随机引物引入的偏倚会增大，而当酶解离增加时，固定引物（例如，转录本的 3′ 端）所引入的偏倚增大。

通过使用更好的酶及优化反应体系可降低偏倚。对原始 RNA 模板进行片段化步骤也被认为是可以大幅度降低偏倚的一种方法；然而，这也可导致 RNA 分子丢失，因为 RNA 有可能在处理过程中被破坏。终极解决方案或许是开发出免扩增的 RNA 测序技术，由于不需要反转录步骤，因而除去了所有这些偏倚。后续数据处理阶段的统计模型也可用于改善表达估计。

（四）扩增

大多数测序技术需要大量的起始材料（纳克级 DNA），而单细胞内的含量 [约 10pg 总 RNA，其中仅有 0.1pg 多聚（A）+ RNA] 无法满足此要求。因此大量扩增是必需的。扩增的挑战在于在整个过程中保持 RNA 分子的初始相对丰度。在第二链合成后，转录本的链信息也会丢失，尽管有保留链特异性的测序技术来解决这个问题。

多聚酶链式反应（PCR）及体外转录（IVT）是用于扩增的两种可行性方法。尽管 PCR 技术已在一些单细胞研究中被用于准备测序文库，也应了解对于特定序列的 PCR 效率偏倚会被指数级放大。多数研究者认为限制 PCR 循环数可减少偏倚。然而，既然偏倚根本上是由于酶偏好性造成的，偏倚很可能依赖于序列本身的特异性，并且随基因表达量而变化。偏倚的程度并不容易预计。

体外转录（IVT）将 cDNA 转录为 RNA 可用于 RNA 扩增。由于在过程中模板数未发生变化，因此理论上可实现线性扩增。然而，这项技术并非毫无问题。扩增效率显示出序列特异性，所以一些序列会在扩增过程中丢失。另外，相比

PCR，这种技术扩增出来的序列通常更短。

免扩增 RNA 测序技术的发展也许终将解决扩增所带来的各种问题。其中 FRT 测序技术已由 Lira 等于 2010 年报道，但并未试用于单细胞 RNA 测序中。

另一种克服扩增偏倚的策略是应用序列标签对第一链 cDNA 产物进行标记。在扩增之后，这些独特的标签可用于计数细胞中原始 RNA 分子，从而免受扩增引起的失真影响。为了能够特异且随机地标记独立 RNA 分子的每个 cDNA 拷贝，标签需要有足够的多样性（超过所需标记的 RNA 数），并且这些标签需能够承受一定序列错误，从而避免误识。

五、已发表的单细胞 RNA 测序方法及比较

目前学术界已发表了不少单细胞 RNA 测序方法，下面将近年来已发表的几种主要单细胞 RNA 测序方法总结一下。

（一）首个单细胞 RNA 测序法

2009 年 Tang 等开发了首个单细胞 RNA 测序方法，并应用于单个小鼠胚叶细胞的测序。他们使用微量移液管来分离单个细胞。细胞裂解后，直接利用 3′ 端含有锚定序列的多聚（T）引物直接进行反转录。多余引物用核酸外切酶除去。

之后，末端转移酶将多聚（A）尾与第一链的 3′ 端结合。第二链合成则使用带有不同锚定序列的多聚（T）引物起始。随后，使用锚定序列引物进行 PCR 扩增。产物 cDNA 被打断及通过大小筛选后用于测序文库制备。值得注意的是，由于第二链合成的起始位置正是第一链合成终止的位置，很可能引入依赖于反转录酶解离的偏倚（图 4-2）。

（二）SMART 测序法

2012 年，Ramsköld 等开发出一种 SMART 测序方法，提高了平均转录本大小及全长转录本数目。这种方法的最大特点是应用了一种来源于 Moloney 小鼠白血病病毒（MMLV）的反转录酶。该酶具有以下两个特征：模板转换及末端转移酶活性，这对于 SMART 测序是至关重要的。该酶可活化其末端转移酶活性并在到达 mRNA 的 5′ 端时向 cDNA 添加非模板胞嘧啶核苷。如果反应体系中的寡核苷酸中含有可与胞嘧核苷互补配对的鸟嘌呤核苷，反转录酶则可进行模板转换，并逆向起始转录。这种机制称为 RNA 模板 5′ 端转换机制（SMART），SMART 测序因此得名。由于模板转换优先选择 5′ 端具有帽子结构的 RNA，这一方法将富集含有完整 5′ 末端的转录本，从而提高了转录本的覆盖面及全长转录本的数目。2013 年，Simone 等发表了一种改良版的 SMART 测序方法，称为二代 SMART 测序。作者展示了这种方法相比 SMART 测序改善了灵敏度、覆盖性、偏倚及精准度。正如作者所指出，SMART 测序或二代 SMART 测序的局限性之一是当起始 RNA 数量低下时（每个单细胞 10pg），一些转录本，尤其是那些表达水平低下的转录本，

会出现随机丢失的现象。就是说，低丰度的转录本所观察到的细胞间变异主要是技术变异，但对于中或高丰度的转录本则主要是生物学变异。对于 10 个以上细胞，技术丢失率低且稳定。能够应用现有试剂低成本的构建单细胞 RNA 测序文库，有助于二代 SMART 测序将来得以被采用（图 4-3）。

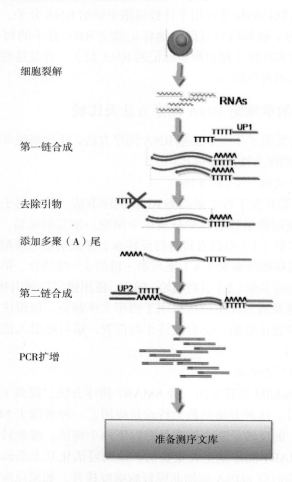

细胞裂解

RNAs

第一链合成

去除引物

添加多聚（A）尾

第二链合成

PCR 扩增

准备测序文库

图 4-2 Tang 的单细胞 RNA 测序方法

细胞裂解后，使用含有锚定序列（UP1）的多聚（T）引物将 mRNA 反转录为 cDNA。多余的引物被消化。多聚（A）尾添加到第一链 cDNA 的 3′ 末端。使用含有锚定序列（UP2）的多聚（T）引物合成第二链 cDNA。经过 PCR 扩增，可得符合测序文库准备的 cDNA

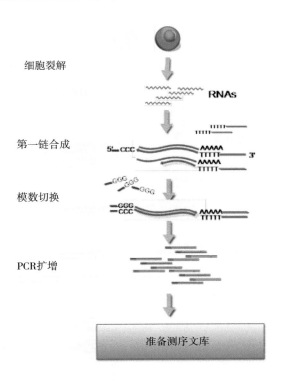

细胞裂解

第一链合成

模数切换

PCR扩增

准备测序文库

图 4-3　KNC-Fig 3 SMART 测序方法

细胞裂解后，在 MMLV 反转录酶催化下，使用多聚（T）引物将 mRNA 反转录为 cDNA。当 MMLV 到达第一链 cDNA 的 3′ 端时添加非模板的胞嘧啶核苷。寡核苷酸与鸟嘌呤用作引物进行反转录反应，将 RNA 转换为 DNA 模板并合成第二链 cDNA。随后进行 PCR 扩增，可得符合测序文库准备的 cDNA

（三）STRT 测序法

　　早在 SMART 测序发表之前就有 Islam 等发表了另一种依赖于模板转换的方法，称作"单细胞标记反转录"（STRT）。这一方法的特点在于模板转换寡核苷酸除了鸟苷酸之外还含有条形码序列。条形码序列使得在第一链合成之后可以将样本汇集在一起，然后再进行多路复用测序（图 4-4）。

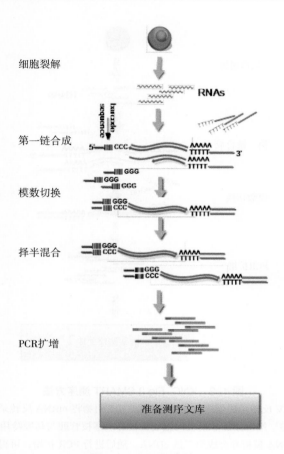

细胞裂解

第一链合成

模数切换

择半混合

PCR扩增

准备测序文库

图 4-4　STRT 方法

STRT 方法与 SMART 测序相似，均应用了模板 - 转换机制。STRT 的特点是在引入的模板 - 转换寡核苷酸上带有条形码序列。在 cDNA 合成后，可将样品在序列文库准备之前汇聚在一起并用于 PCR 扩增

（四）CEL 测序法

2012 年，Tamar 等开发了 CEL 测序方法。这种方法首次采用 IVT 取代 PCR。用于第一链合成的多聚（T）引物与条形码序列及 T7 启动子组合在一起。第一链合成后，利用能够反复结合 T7 启动子并转录的 T7 多聚酶在体外将 cDNA 模板转录为 RNA。由于每一轮转录后模板数目不增加，因此扩增是线性的。作者称 CEL 测序相比 STRT 具有更高的敏感性及精准度（图 4-5）。

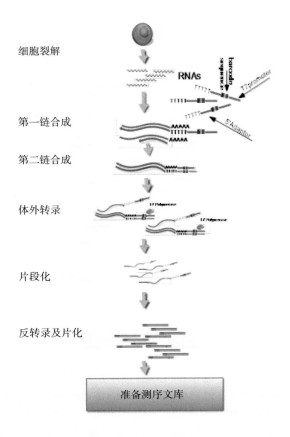

细胞裂解

第一链合成

第二链合成

体外转录

片段化

反转录及片化

准备测序文库

图 4-5 CEL 测序方法

细胞裂解后，引物与 T7 启动子、oligo（T）及条形码序列被用于反转录。在第二链合成后，可将样品汇聚在一起，并使用 T7 多聚酶进行体外反转录。扩增的 RNA 接着被片段化及纯化，用于序列文库准备

（五）Quartz 测序法

2013 年，Yohei 等还开发了另一种方法，称为 Quartz 测序。一种含有 oligo-dT、T7 启动子及 PCR 靶区（M）序列的引物被用于第一链 cDNA 的合成。RT 引物随后被核酸外切酶 I 消化。接着多聚（A）尾被加到第一链 cDNA 的 3′ 端。第二链 cDNA 使用含有 PCR 靶区的 oligo-dT 引物合成。然后进行抑制 PCR 及产物纯化，以制备用于测序的高质量 cDNA。作者展示了 Quartz 测序在重复性及敏感度上胜过其他方法（图 4-6）。

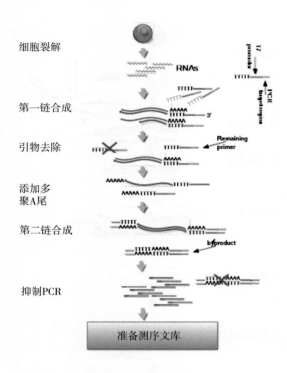

细胞裂解

第一链合成

引物去除

添加多
聚A尾

第二链合成

抑制PCR

准备测序文库

图 4-6　Quatz 测序方法

第一链 cDNA 使用含有 oligo（T）、T7 启动子及 PCR 靶区序列的引物合成。大多数 RT 引物在第一链合成后被消化，尽管仍有部分残存。多聚（A）尾被添加到第一链 cDNA 及残存的 RT 引物的 3′ 端。在第二链合成后，残存引物的副产物也被合成。进行抑制 PCR 可抑制副产物扩增，并得到不含副产物的高质量 cDNA，可满足后续的测序文库准备

（六）UMI 测序法

2014 年初，Saiful 等发表了一种单细胞测序方法，这种方法利用独一无二的分子标识符（UMI：短序列标签）在反转录过程中对单个分子进行标记。通过计数定位于每个基因组位置的不同 UMI，便可计数原始 cDNA 分子的数目。作者展示了 UMI 的利用可基本消除扩增噪声，并且利用微流体及优化试剂来准备样品可将 mRNA 捕获效率提高 5 倍（图 4-7）。

表 4-1 对已发表的单细胞 RNA 测序方法做出小结。

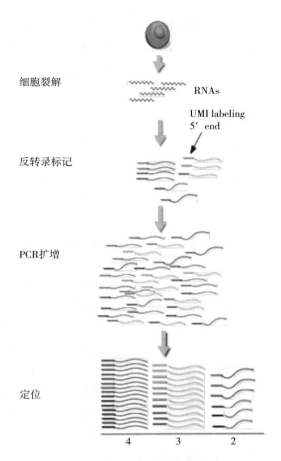

细胞裂解

RNAs

UMI labeling
5′ end

反转录标记

PCR扩增

定位

4　3　2

图 4-7　UMI 方法的基本原则

UMI（分子标识符）方法将个体 cDNA 分子用短序列作为分子标识符进行标记。UMI 与原始 cDNA 一起参加 PCR 扩增反应。在测序后，序列片段被比对定位到参考基因组，定位到相同位置的独特分子标识符的数目即相当于从该位置来源的原始 RNA 分子的数目

表 4-1　已发表的单细胞 RNA 测序方法小结

	Tang	SMART 测序	STRT	CEL 测序	Quartz 测序	UMI
第一链合成	是	是	是	是	是	是
去除第一链引物	是	否	否	否	是	否
模板转换	否	是	是	否	否	是
扩增方法	PCR	PCR	PCR	IVT	抑制 PCR	PCR
分子计数	否	否	否	否	否	是
复用	否	否	是	是	否	是

六、分析单细胞转录组数据中的生物信息学挑战

在最基础层次分析中，单细胞 RNA 测序实验可以来源于转录本片段序列 "reads" 的形式来代表并且告诉我们细胞内所有转录本的丰度。为获取这些 reads 的量化信息，必须首先进行对它们的定位和转录组重建。有许多算法及软件包可用于标准的 RNA 测序试验；这些算法和软件包稍加修改后即可适用于单细胞数据。

尽管单细胞 RNA 测序的低水平数据分析流程与标准 RNA 测序相似，但在标准 RNA 测序中用于检验差异表达的统计假设不一定适用于单细胞表达数据。其中之一的问题是，单细胞样本间测序深度的差异增加了敏感度差异，这就是说，降低测序深度会丢失对于一些转录本的检测。另一个问题是数据标准化（normalization）背后的基本假设。在 RNA 测序数据分析中，数据标准化对于纠正技术偏倚是必需的。标准 RNA 测序中发展起来的数据标准化方法包括根据估计的测序深度进行数值的重新调整，从而去除每个样本因不同测序深度所产生的影响。这种标准化方法背后的假设是，两个所比较样本的多数基因表达无差异，且不同细胞类型含有相似数量的 RNA。这一假设通常被认为符合标准 RNA 测序，且在数十年间被微阵列（microarray）试验采用。然而，对于单细胞 RNA 测序，这并不合适，正如我们所知，在单细胞水平，每个个体细胞间的总转录本数目有着显著差异。

样本 RNA 与 RNA spike-ins［例如由 External RNA Controls Consortium（ERCC）制定的］一起同时测序，有助于获取关于不同扩增方法的相对效率、检测局限性以技术噪声等信息。Spike-in 也可被用于数据标准化，从而可检测到总转录本数目的差异。利用单分子计数（如 UMI 方法）的测序方法可直接计算原始 RNA 分子数，并指示单个 RNA 分子的扩增水平。获知每个细胞的原始 RNA 分子数也会使得统计检验更为直接。

七、单细胞 RNA 测序的应用

尽管单细胞 RNA 测序技术在揭示转录调控时细胞间差异的研究仍处于早期阶段，但近期一些采用了这些新工具的研究已经在发育、肿瘤、免疫学及神经科学等领域给我们带来了新的见解。下面阐述近年来涌现的单细胞 RNA 测序的一些应用。

第一个单细胞 RNA 测序由 Tang 等在单个小鼠胚叶细胞中进行，展示了测序技术对单细胞进行全转录组分析能力。在该研究中，作者检测到比使用微阵列技术多 75%（5270）的基因，并发现 1753 个新剪接点。此外，在同一胚叶或卵母细胞中发现了 8% ~ 19% 具有 isoform 已知基因的可变剪接，揭示了个体细胞转录组的复杂性。2013 年，Yan 等将该方法推广到 124 个来源于人类着床前胚胎和胚

胎干细胞。作者发现了 2733 个全新 lncRNA（长非编码 RNA），其中许多在特定发育时期表达。平均而言，在单细胞中，lncRNA 的表达量相当于蛋白编码基因的 40.5%，提示 lncRNA 在个体细胞中相对丰富，且具有潜在的重要调控功能。

在神经科学领域，单细胞基因表达分析尤为有用，因为神经系统由最具多样性的细胞类型组成，特别是神经元。神经元可根据其表达分子、形态、电生理特性及连接而分为不同类型。Qiu 等在电生理记录后进行了单个神经元的单细胞 RNA 测序。作者发现原位单个神经元基因表达间的相关系数相比培养的神经细胞要低得多。因此该研究表明，即使是形态相同，来源于相同脑区的神经元，也可以表现出不同的基因表达模式。

2013 年，Shalek 等通过应用单细胞 RNA 测序研究小鼠骨髓来源树突状细胞（BMDCs）对脂多糖（LPS）反应的异质性，发现 mRNA 表达丰度明晰的双峰分布以及在既往使用细胞群的研究中未观察到的剪接方式。数百个关键免疫基因在细胞间的表达是双峰的（就是说在个体细胞间 mRNA 丰度呈现双峰分布），甚至在细胞群中高表达的基因亦然。他们还发现一个由 137 个高度变异但仍共调节的抗病毒反应基因组成的基因模块。此研究展示了单细胞转录组在发现细胞功能多态性、解密细胞状态及调控回路的潜力。

单细胞 RNA 测序在肿瘤研究中也有所应用。Cann 等阐述了这类应用。循环肿瘤细胞（CTC）介导许多实体瘤的转移播散。为了获取与肿瘤相关的更多信息，作者对从患者血液中分离所得的 CTC 进行了单细胞 RNA 测序。尽管该研究的主要目的是衡量细胞分离方法的效能，但是作者同时也展示了对 CTC 单细胞进行 RNA 测序可发现前列腺组织及肿瘤的转录特征，说明单细胞测序在肿瘤诊断中具有潜在功能。

八、小结

细胞是几乎所有生命形式的基本功能单位。因此，单细胞分析不仅仅只是为了更灵敏的测量，同时也是用来理解基础生物现象方法的彻底革新。本章讨论了近年来单细胞 RNA 测序技术领域的进展与挑战，还论述了应用这些新技术的探索性研究所带来的新视角。单细胞水平的全转录组分析将会对许多生物学中长期争议的问题做出解答。如果取样足够多的单细胞，基于表达的聚类将实现无偏倚的细胞类型重建，而非根据以往标记基因的知识来定义细胞类型。因而单细胞 RNA 测序提供了一种有效的方法，有助于彻底理解在发育或病理过程中基因转录调控动态网络。随着技术的不断完善，预计在不久的将来，将收集到大量单细胞转录组数据集，最终将迎来一个数据驱动的生物医学研究时代。

（朱亦纯）

第5章

系统免疫学在树突状细胞代谢研究中的应用

树突状细胞（DC）可控制效应辅助 T 细胞的激活和极化反应，是机体免疫应答和免疫耐受的关键调控因素。众所周知，细胞活化和功能与细胞代谢密切相关。目前，研究者越来越认识到这些代谢变化也是免疫细胞执行特定功能的基础，因此开始探索如何通过调控细胞代谢用于控制细胞先天和适应性免疫反应。然而，横跨先天和适应性免疫探索免疫代谢调节机制是很困难的。本章旨在整体性理解系统免疫学组分，而不是局限性分析免疫系统的单个组成部分。由于高通量技术的衍生促进了系统研究水平的提升，许多免疫学家正在探索是否可靶向针对 DC 代谢途径开发新的策略，从而用于临床目的的 DC 功能特性操纵。

几十年来，免疫学领域一直以指数速度发展。近年来关于细胞代谢改变影响免疫细胞功能的研究越来越多，这些代谢如何影响免疫细胞表型和激活，免疫系统如何影响宿主器官的代谢功能被称为"免疫代谢"。然而，目前的研究没有考虑免疫细胞谱系的多样性或组织特异性功能。免疫系统各组成之间高度相互依赖和相互联系。若仅聚焦于各个独立组分的特性和行为就会限制对于免疫系统整体运作的理解。

一、系统免疫学简介

系统性免疫学是一门新兴学科，通过联合高通量的多种检测方法，利用信息学和建模方法可以更好地理解不同组织或细胞水平的免疫功能。下文将讨论一些重要的研究结果，总结它们如何应用这些工具和技术来回答免疫学界所关心的问题。

树突状细胞（DC）存在于体内几乎所有组织，可应答外部环境和抗原刺激，特异性启动免疫反应和促进免疫耐受。本章将以 DC 的代谢调控为例阐述系统免疫学及其工具如何帮助人们更好地理解免疫反应。

免疫学研究经常用还原性方法分析免疫系统的各个组成部分（如某个信号通路）。近年来，人们越来越认识到免疫学研究需要整体性研究，应该评估这些系统组成部分如何作为一个系统集成进行工作。系统免疫学的提出和发展归功于当前日益先进的技术能力，如深度测序方法的广泛使用、高度复杂流式细胞技术的发展、高通量蛋白组学、生物信息学的发展，其目的是理解各部分作为一个整体是如何工作的（图 5-1）。

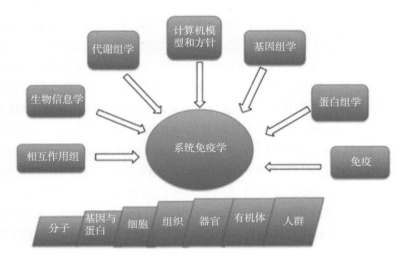

图 5-1　系统免疫学发展

本图显示系统生物学是以高通量技术发展为基础的系统水平的研究，专注于动态网络和计算模型／仿真过程

　　为实现整体性理解，系统免疫学联合经验和实验的方法进行建模和仿真，以模型代表真实的免疫系统，整合多水平和不同层次的认知（人群、有机体、器官、组织、细胞等）。在模型中，每个因子对应于真实系统中的具体组分，计算算法管理模型对应现实的物理定律。模型也可以用于产生关于系统仿真的新知识，而仿真是指感兴趣的"模式"配置下运行的模型。

　　免疫学家早就认识到早期受体 - 受体结合事件的重要性。然而，由于众多分子和蛋白参与该事件，把所有的因素拼在一起是很困难的。也有越来越多的证据表明膜生化构象特征和近端活动及肌球蛋白结构在淋巴细胞相互作用中具有至关重要的作用，这些观点促使众多理论研究集中在细胞信号的小规模空间特征。随机空间融合模拟试图探索在微小独立相互作用蛋白和脂质网络中细胞信号过程的早期动力。利用化学反应体系的直观图像，各分子将被处理成为一个个点状颗粒，自由扩散在三维空间内。反应的发生和反应物的产生可被模拟。这些方法大量运用蒙特卡洛方法，合并影响分子布朗运动和反应的随机热波。

二、树突状细胞代谢调控的研究进展

组织原位 DC 表现出巨大的基因和细胞表面标志物表达的异质性，反映了不同抗原递呈和介导效应淋巴细胞的能力。因此，它们的生物能量需求很可能是不同的，并与其组织特异性功能相关。目前，对于 DC 代谢底物和代谢途径的认识主要是通过对骨髓来源的 DC 研究所获得的。Toll 样受体（TLRs）和其他模式识别受体的下游信号转导事件介导了 DC 成熟。Krawczyk 等发现 TLRs 激活剂刺激了广泛的细胞代谢向有氧糖酵解转变。这种代谢转换是 DC 成熟所需要的，依赖于磷脂酰肌醇 3′-激酶（PI3K）/Akt 信号途径。TLRs 结合显著抑制线粒体氧化代谢，表明细胞为了彻底转型为活化状态需要清除这个代谢检查点。但是 TLRs 受体激活剂显著抑制线粒体氧化磷酸化（oxidative phosphorylation，OXPHOS）的机制仍不清楚。Everts 等发现向糖酵解转变的这一过程与通过一氧化氮合酶 2（nitric oxide synthase 2，NOS2）增加的一氧化氮（nitric oxide，NO）水平有关，其有效抑制炎症 DC 进行 OXPHOS 中的电子转运链活动。随着 DC 糖酵解流量的增加，内质网和高尔基体扩展并合成和分泌蛋白需要从头合成的脂肪酸，这也是不可或缺的 DC 激活的必要条件。激酶 TBK1（IkappaBkinase）、IKKε 和 Akt，促进糖酵解酶 HK-Ⅱ 与线粒体结合，是 TLR 诱导糖酵解增加的信号通路（图 5-2）。

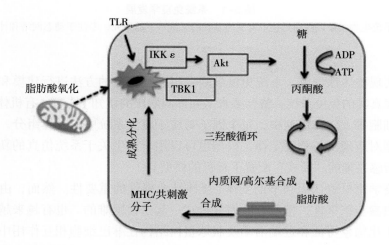

图 5-2　TLR 激活剂刺激树突状细胞向糖酵解代谢转变

图示 TLR 激活导致静息状态的 DC 成熟、迁移至淋巴结组织并递呈抗原给初始 T 细胞。同时 TLRs 激活使 DC 代谢向激酶 TBK1、IKKε 和 Akt 通道调节的糖酵解代谢转变

　　DC 在调节免疫反应中发挥着核心作用，它们提供信息帮助机体决定免疫耐受、无视或积极应对"外来入侵"。因此，不同的治疗旨在调控 DC 获得期望的免疫反应，例如，针对肿瘤和感染时增强细胞介导的毒性反应或在自身免疫性疾病和移植中免疫耐受。与免疫原性 DC 相反，耐受性 DC 的特征通常是缺乏传统的活化信号，不易分化成熟及表达更多的免疫调节因子，重要的是控制调节性 T 细胞（regulatory T cell，Treg）反应。最近的研究结果表明，肿瘤 DC 中增加的脂质沉积可妨碍 DC 对于肿瘤抗原的递呈作用，该作用是激活机体抗肿瘤免疫系统的关键；这一发现提供了一个概念性指导方向，可能有助于提高肿瘤治疗疫苗的效力。

　　简而言之，这些研究表明代谢参与调节 DC 的成熟（部分已知）和免疫反应。

三、DC 代谢调控中的系统免疫学

　　尽管过去 10 年我们对 DC 的认识得到了快速发展，然而对免疫细胞代谢的理解远远不够。首先，相较于庞大的各类免疫细胞群体，现在对于代谢效应反应的理解还是少量的。理想的研究应该来自于参与免疫防御和组织稳态的组织原位免疫细胞或募集的活化免疫细胞。并且，目前的数据没有考虑免疫细胞谱系或组织特异性功能的多样性。其次，我们几乎不了解这些识别信号如何整合到现有的代谢过程，进而支持细胞的效应功能。因此，发展新型工具和实验模型来探索横跨整个先天性免疫和适应性免疫反应的免疫系统的代谢调控是非常重要的。

　　今天，基因组学和蛋白组学的进步迎来了免疫代谢研究的新时代。宿主防御和组织稳态极其复杂，一种疾病很少是单个基因异常的后果，其反映了连接组织、器官和系统复杂的细胞内和细胞间网络干预。系统免疫学的新工具提供了一个系统性开发平台，探索特定疾病的分子复杂性，识别疾病的模式和途径，而且帮助了解整体系统中不同表型的分子关系。

　　近年来，人们在 DC 的研究中开始大规模的数据采集。通过使用 iTRAQ 标记，Stephanie B 等发现，相比 Th1 诱导的前体 DC，Th2 诱导的前体 DC 包括抗原递呈过程中细胞代谢相关的可能参与蛋白折叠及酶 / 转运体（苹果酸脱氢酶，丙酮酸激酶）。研究表明，Th2 诱导的前体 DC 更具代谢活性，而 Th1 诱导的前体 DC 更趋于成熟"末端"。Ivo F 等发现，DC 在感染进展中具有非常活跃的精氨酸代谢。代谢调控也参与了 DC 祖细胞的分化。计算机建模 / 仿真也用来学习"免疫代谢"。免疫细胞可以动态优化利用各种代谢途径来提供新的生物能量需求。这是非常精确的调节，不能简单分类为线粒体基础的氧化代谢或糖酵解 / 谷氨酰胺为基础的代谢。利用计算机建模和仿真模型可以仿真具有小的单个相互作用蛋白和脂质的信号通路中的动力学，利用化学反应体系的直观图像，各分子被看作自由扩散在三维空间内的点状颗粒。

　　我们可以总结免疫应答为多基因和多蛋白相互作用的网络。网络模型节点代

表不同种类分子激活度，而连接（或边缘）编码分子间的相互作用和状态转变。通过使用生物信息学软件，分析蛋白 - 蛋白相互作用网络，科学家可以轻松找到负责启动免疫反应的关键调控因子。细胞最终生理病理性反应是由复杂分子相互作用网络决定的。因此，基于网络的计算研究就变得很有趣。网络工具被应用到免疫系统研究中，例如对 T 细胞受体激活中的分析用到了布尔网络，状态"开"表示"基因表达"，状态"关"表示"不表达"；下一次"开"或"关"的决定，取决于输入不表达（0）或表达（1）的逻辑值 0 和 1 的整合。

四、展望

代谢调控的主要目的是在宿主防御和组织稳态中提供足够的能量（ATP）和代谢中间产物，保障其行使效应功能。科学家们相信干预或放大其特定代谢过程可能具有临床应用前景，例如可抑制自身免疫性疾病或慢性炎症等多种代谢和退行性疾病。这是系统免疫学的前景——整合性理解由潜在细胞网络调控的基因、蛋白、环境、病原生物的相互作用，提供未来免疫学进展的基础。而研究进展将帮助理解调控过程的结构和工作机制——识别哪些功能需要维持，哪些活动需要利用药物改变的前提条件。

（武多娇）

第6章

系统免疫学及调节性 T 淋巴细胞研究

调节性 T 细胞对于健康和疾病状态下的免疫内稳态具有重要作用，但其细胞分化、稳态维持和功能发挥的具体分子机制还尚不清楚。近期研究表明 Treg 细胞发育的调节是一个更为复杂和多元化的调控网络，而不仅仅是线性信号通路。本章总结了近期 Treg 领域中系统生物学的应用，而这些方法的运用也必将为复杂的 Treg 领域带来新的突破。

一、调节性 T 细胞概述

CD4$^+$ T 细胞可以分为两类：效应 T 细胞（effector T cells，Teff）和调节性 T 细胞（regulatory T cells，Treg）。调节性 T 细胞能有效抑制炎症反应，从而避免错误或过度的免疫反应。因此，调节性 T 细胞在平衡免疫反应和预防自身免疫性疾病中有重要作用。

叉头框 P3 蛋白（forkhead box P3，FOXP3）是叉头框 / 翼螺旋家族中的一员，该蛋白的突变体在 IPEX（immunodysregulation polyendocrinopathy and enteropathy，X-linked syndrome）综合征患者中高频率出现，被看作是 IPEX 疾病发展的病因。而在小鼠中，FOXP3 的功能缺失会引起与 IPEX 疾病类似的"scurfy"表型，过激活的 CD4$^+$ T 细胞增多，促炎症因子的过表达及出生后的死亡。FOXP3 广泛表达于 CD4$^+$ CD25$^+$ T 细胞中，而且通过调控其分化和功能发挥来抑制过度的炎症反应，因而 FOXP3 被认为是 Treg 细胞分化和功能发挥的关键转录因子。

正因为其在 Treg 细胞中的重要性，了解 FOXP3 表达的调节、翻译后修饰的改变及对其功能的影响就显得尤为重要。对 FOXP3 启动子和增强子的研究表明，FOXP3 的表达需要一些转录因子的激活。而 DNA 的甲基化也在某些特意的位点上参与了 FOXP3 的表达。除此之外，还有一些 FOXP3 特异的 miRNA，例如 miR-31，它直接结合在 FOXP3 信使 RNA 的 3′-UTR 区域来下调其表达。

FOXP3 蛋白本身也能被乙酰化，从而影响 Treg 的抑制功能。去乙酰化酶和

TGF-β/IL-6 的信号能减少 FOXP3 的乙酰化，从而减少其在下游基因启动子上的结合。我们实验室近期发现一种 FOXP3 的 E3 连接酶——STUB1。LPS 刺激或热激反应能上调 STUB1 在 Treg 细胞中的表达，而增多的 STUB1 促进 FOXP3 的降解，从而导致 Treg 功能的损伤。

（一）nTreg 和 iTreg 细胞

尽管在人外周血单核细胞（peripheral blood mononuclear cells，PBMC）的 CD4$^+$ T 细胞中，Treg 细胞只占 5% ～ 10%，但是它们对自身免疫性疾病的预防、器官移植后的耐受调节，甚至肿瘤的发生发展都有重要作用。一般来说，Treg 细胞可以根据它们分化和发育成熟的位置分为两大类：天然 Treg 细胞（nTreg）和诱导 Treg 细胞（iTreg），两者的主要区别见表 6-1。天然 Treg 细胞是在胸腺中发育成熟，它对于免疫系统自稳态有着至关重要的作用。缺失胸腺的小鼠会在出生后 3 ～ 5 天产生严重的自身免疫性疾病，但将 CD4$^+$CD25$^+$ T 细胞注射进小鼠后，疾病的症状会得到明显缓解，这也意味着这些胸腺来源的 T 细胞能够调节和抑制自身免疫反应的过度激活。

表 6-1　nTreg 细胞和 iTreg 细胞的区别

	nTreg 细胞	iTreg 细胞
诱导位置	胸腺	外周淋巴器官或炎症部位
抑制的机制	细胞依赖型	细胞因子依赖型
特异性	自身抗原	外界及自身抗原

nTreg 细胞的胸腺发育涉及众多因素，TCR 特异性就是其中一个，因为 nTreg 的发育需要自身过激活 TCR 的递呈。TCR 与 MHC- 肽段复合物结合的亲和力、强度等直接影响胸腺淋巴细胞发育拥有调节性表型成为 Treg 细胞，或经历阴性选择和阳性选择成为 Teff 细胞。在 CD28 和 CD80/86 缺陷型小鼠中，CD25$^+$ FOXP3$^-$ 和 CD25$^+$ FOXP3$^+$ T 细胞显著减少，这也意味着共刺激信号能帮助 TCR 激活的淋巴细胞逃过阴性选择，进而表达 FOXP3 成为 Treg 细胞。此外，研究结果页表明 NF-κB 信号通路在 Treg 发育中也至关重要，特别是 PKC-θ、Bcl-10、CARMA1 和 IKK2，这些因子的条件性敲除直接影响了 Treg 细胞的产生。CD28 诱导的 c-Rel 激活被认为是诱导淋巴细胞产生调节性表型的关键步骤。c-Rel 可以结合在 Foxp3 基因保守的非编码 DNA 序列（conserved non-coding DNA sequence，CNS-3）上，同时还可以提高 IL-2R 的表达。在 STAT5 敲除的小鼠中，FOXP3$^+$ Treg 细胞中 FOXP3 的缺失将伴随着自身免疫性疾病和炎症反应，这揭示了 IL-2R 信号通路对 Treg 发育的重要性。当然，还有许多未知的基因、因子、信号通路可能参与或帮助了 Treg 细胞的发育和形成，这就需要我们应用多样的技术

手段去探究这个复杂的调控网络。

与 nTreg 细胞不同，iTreg 细胞是由初始 T 细胞在外周获取 FOXP3 表达和抑制性功能进而形成的。这一现象的发生主要依靠 TGF-β/IL-2 信号通路的激活，这两大信号的激活会引发下游一系列的变化，例如 TGF-β 诱导 Smad3 的激活。Treg 和 Th17 细胞的分化有着很大的相关性，因为它们的诱导环境中都需要 TGF-β 和其他细胞因子的存在。低浓度的 TGF-β 和 IL-6 促使初始 T 细胞向 Th17 细胞分化，而高浓度的 TGF-β 和 IL-2 则会诱发 FOXP3 的表达，同时抑制 Th17 细胞相关转录因子的表达。其他复合物，例如维生素 A 的代谢产物，反式维 A 酸等能促进 FOXP3$^+$ Treg 细胞的分化，而抑制 IL-6 诱发的 Th17 细胞分化。

当然，仅仅是 FOXP3 的表达是不足以维持一个稳定的 Treg 细胞表型的。因为 TCR 刺激下的初始 T 细胞可以快速表达 FOXP3，但是这些细胞是不具有抑制功能的。在这种情况下，FOXP3 的表观遗传修饰就能稳定 Treg 的功能。已有报道称，nTreg 细胞中 FOXP3 基因启动子上的去甲基化状态明显增加，但 iTreg 细胞中没有这一现象。Lu 的研究团队解释，在 TGF-β/atRA-iTreg 细胞中，组蛋白 H3 的乙酰化水平对于 iTreg 发育的作用远比去甲基化重要。

许多研究团队认为从人的 PBMC 中分离到的 CD4$^+$ CD25$^+$ T 细胞其实是 nTreg 细胞和 iTreg 细胞的混合物，但是目前也有一些相反的结论和观点在质疑这两类 Treg 细胞在外周免疫中的贡献。Helios 属于 Ikaros 转录因子家族的一员，曾被认为是选择性表达于 nTreg 细胞中，但是近期研究称在 iTreg 细胞中也能检测到其表达。FOXP3 异位表达所诱导的 neuropilin 1（Nrp1）也提示了 FOXP3 和 Nrp1 之间有着某种联系。有研究显示，Nrp1 可能是区分 nTreg 细胞和 iTreg 细胞最可靠的标记因子。Weiss 研究团队发现，从小鼠二级淋巴器官分离得到的 FOXP3$^+$ Treg 可以分为 Nrp1high 和 Nrp1low 两大类。有趣的是，Nrp1 高表达的细胞群也是高表达 Helios，Nrp1 低表达的细胞则是缺乏 Helios，而高表达死亡相关类蛋白 1（death-associated protein-like 1，DAPL-1）。因此，区分 nTreg 细胞和 iTreg 细胞可能不能只靠一种分子标记，而是需要众多分子来界定。往后的研究需要证实这一猜想，并揭示更多影响 Treg 细胞发育的重要蛋白。

有关 Treg 细胞是如何发挥其抑制机制的，现在已有许多模型来解释，包括细胞因子损失（IL-2）、CTLA-4 介导的 CD80/CD86 共刺激因子的下调和 IL-35 介导的效应 T 细胞增殖的抑制。但是 nTreg 和 iTreg 细胞抑制功能的区别及其机制仍然不清楚。尽管如此，近期研究也发现在炎症抑制的体内试验中，nTreg 细胞和 iTreg 细胞的功能既有交叉又有独立。与此同时，也有许多转录因子被发现调控这些 Treg 细胞的抑制功能。GATA3 原本是 Th2 细胞相关的关键因子，但在近期被发现控制着免疫自稳态和炎症，它涉及 FOXP3 的表达和 Treg 细胞在炎症部位的聚集，而且它能与 FOXP3 结合来调控不同的基因。我们实验组的一项研究也发现

GATA3 在 nTreg 细胞中维持其表达的分子机制。去泛素化酶 USP21 能与 GATA3 结合，并通过多去泛素化修饰来稳定 GATA3。反过来 GATA3 促进了 FOXP3 的功能，并形成了一个正调控通路来调节 Treg 功能。

（二）其他 Treg 细胞

除了 FOXP3+ Treg 细胞，其他 Treg 细胞类型也陆续在外周中发现，例如，分泌 IL-10 的 I 型 Treg 细胞（Tr1）、分泌 TGF-β 的 Th3 细胞和 CD8+ Treg 细胞。

1.Tr1 细胞　获得性调节性 T 细胞（Tr1）代表了另一种外周诱导的调节性 T 细胞类型。这类细胞的主要特征就是 FOXP3 表达的组成型缺失，尽管它们能瞬时上调 FOXP3 的表达。具有多种 FOXP3 突变的 IPEX 患者 CD4+ CD45+ RO− 细胞在体外诱导能产生 Tr1 细胞。尽管 Tr1 细胞几乎不表达 FOXP3 和低表达 CD25，TCR 刺激能诱导 Tr1 细胞产生一定的增殖，并在体外抑制 CD4+ T 的扩增。虽然 Tr1 的发育不依赖于 FOXP3，但在 IPEX 患者中 Tr1 细胞的存在并不足以补偿 nTreg 细胞缺失所导致的症状。Tr1 细胞能分泌多种细胞因子，例如，体外能高表达 IL-10、TGF-β、IFN-γ 和抗原刺激时低表达 IL-2、IL-4。

目前已有许多 Tr1 细胞的标记蛋白，例如，淋巴细胞活化基因 -3（lymphocyte-activation gene-3，LAG-3）、诱导性共刺激分子（ICOS）和程序性死亡受体 -1（PD-1）。这些分子也同样表达在其他产生 IL-10 因子的 T 细胞上，因此它们并不能作为 Tr1 特异的分子标记来使用。研究发现，有一群表达 CD49b 的 CD4+ FOXP3low IL-10+ T 细胞能抑制自身免疫反应，但直到目前仍没有结果显示可以将 CD49b 作为 Tr1 细胞的分子标记。Tr1 和其他表达 IL-10 的 T 细胞所不同的是，IL-10 的表达严格依赖于 STAT-3 的活化。人们发现，IL-27 能诱导 STAT-3 的磷酸化，进而激活 Maf，活化的 Maf 能结合到 il10 启动子来转录激活 IL-10 的表达，同时抑制 FOXP3 的表达。近期研究还发现，IL-6 诱导产生的 Tr1 细胞能抑制 LPS 诱发的炎症反应，这表明 IL-27 和 TGF-β 缺乏时，Tr1 的产生可以依赖 IL-21 和 IL-2 途径。

Tr1 细胞主要是通过大量 IL-10 和少量 TGF-β 的产生来发挥作用的，从而抑制效应 T 细胞的增殖和 IL-2、IFN-γ 的产生，甚至影响 DC 和其他抗原递呈细胞的分化和成熟。除了分泌细胞因子，Tr1 细胞还可以依赖细胞接触的机制来发挥作用，特别是通过 CTLA-4 和 PD-1 这类抑制受体的表达和介导颗粒酶 B（granzyme-B）依赖的细胞毒性杀伤功能。

2.0Th3 调节性细胞　Th3 细胞是一类分泌 TGF-β 的细胞，最先是在实验性自身免疫脑脊髓炎小鼠模型和口服髓鞘碱性蛋白后的多发性硬化症患者中发现的。Th3 细胞是由特异的抗原诱导产生的，但是它们能通过分泌 TGF-β 来对不同抗原的细胞产生抑制作用。研究发现，在 TGF/IL-2-/- 转基因小鼠中（该小鼠能在刺激下自发的产生 TGF-β），CD25+ CD4+ T 细胞的缺失并不影响其抑制活性和 FOXP3 的高表达，这意味着有一类新的调节性 T 细胞类型。Th3 细胞能通过引导抗原特异性 iTreg 细胞分化来促进外周耐受，而这一功能的发挥大概是依赖于 TGF-β 的分泌。更重要的是，Th3 细胞通过分泌 TGF-β 促进 IgA 的分泌并抑制 Th1 和 Th2 细胞反应。尽管已有报道称，Th3 细胞中 FOXP3、CD25、CTLA-4 的表达都明显升高，但关于 Th3 细胞中 FOXP3 的表达目前仍有争议。为了更好地了解 Th3 细胞可能的分子标记、特征和在免疫系统中的重要作用，更深度的生物信息学分析和研究是目前该领域急需的。

3.CD8⁺ Treg 细胞 CD8⁺ Treg 细胞能抑制自身免疫反应和移植后排斥反应。Xystrakis 研究团队在大鼠中发现了一群 CD8⁺ CD45RClow 细胞，它们能表达 IL-4、IL-10、IL-13，也能抑制 CD4⁺ T 细胞异常的增殖和分化。这些细胞是不具有细胞毒性的，而且中度表达 FOXP3 和 CTLA-4，还能保护大鼠免受致死的移植物反应（graft-versus-host disease，GvHD）。天然的 CD8⁺ CD122⁺ T 细胞注射到 CD122 敲除的小鼠中能损伤其自身免疫机制，而且胰岛移植后的 CD8⁺ Treg 细胞能抑制效应 T 细胞的同种异体反应。CD8⁺ Treg 细胞还参与了肿瘤细胞的免疫逃逸。CD8⁺ Treg 细胞的增殖通过 Fas/FasL 途径、TRAIL/DR5 作用，以及 TGF-β 依赖的功能性失活来诱导效应 T 细胞的凋亡。CD8⁺ Treg 细胞通过 MHC Ib 分子（Qa-1，H2-T23；HLA-E in human）限制的 TCR 特异性途径来识别抗原特异性 CD4⁺ T 细胞，这意味着 CD4⁺ T 细胞表面的 TCR 决定物可能先诱导 CD8⁺ Treg 细胞，然后这些细胞参与了针对自身抗原或非自身抗原的外周免疫反应调节。

二、系统生物学技术在 Treg 领域的应用

与传统生物技术相比，系统生物学以其能大规模分析细胞内各种组分的优势得到了广泛关注。通过系统基因组学、蛋白质组学和新陈代谢组学技术，细胞调控网络信息在全细胞水平得到了前所未有的扩增。和其他研究手段不同，系统生物学将细胞内各个因素看作是一个整体，并将多种分子线索整合为一个整体。目前已有许多技术手段应用于 Treg 细胞研究领域，例如，微阵列芯片（microarray）、高通量细胞测序、质谱技术和生物信息学等。这里总结在 Treg 领域如何应用系统生物学来回答该领域的关键问题（图 6-1）。

（一）转录组学

转录组学包含了全细胞的完整 RNA 分子，包括 mRNA、tRNA、rRNA 和其他非编码 RNA。转录组学代表了基因组水平的功能性元件信息，它也可以用来研究 T 细胞发育和功能上的分子机制。通过转录组学，可以根据转录本的结构（5′-or 3′-UTR，剪接和修饰）对编码或非编码的转录本进行定量，并比较细胞在不同微环境或信号通路下转录本的变化。

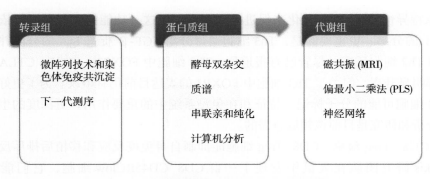

图 6-1　系统生物学技术在 Treg 领域的应用

1. 微阵列技术（microarrays）和染色体免疫共沉淀（ChIP）　微阵列技术是目前广泛应用的细胞内 RNA 定量的技术。它通过一系列短寡核苷酸探针与细胞内转录本的互补作用来检测其含量。这些转录本预先用不同的荧光染料进行标记，并和微阵列上的探针进行互补杂交，最后通过激光探测器进行荧光检测。荧光强弱就代表了这些基因表达的多少。许多研究已经采用微阵列技术来研究 Treg 领域的分子机制。

通过和染色体免疫共沉淀技术的联合使用，微阵列技术还可以为蛋白质 -DNA 结合提供大量信息。首先，需要用甲醛固定 DNA 及其上的蛋白质，然后将细胞裂解，并用超声或酶解手段获取一定长度的 DNA 片段，接着用特异抗体将蛋白质 -DNA 复合物进行免疫沉淀。再去除掉附着在 DNA 上的蛋白质，将 DNA 用荧光标记，并通过微阵列技术扩增和检测。该技术又称为 ChIP-on-Chip 分析。

目前研究人员通过微阵列技术和 ChIP-on-Chip 分析来比较 nTreg 细胞和 Teff 细胞 mRNA 水平的差异，以及确定 FOXP3 在 nTreg 细胞中的靶基因。通过这些技术，许多在 nTreg 细胞中有重要作用的转录因子结合序列被发现，包括 AP-1、Runx、NFAT 和 STAT 蛋白。更重要的是，FOXP3 结合位点附近存在着 63 个 microRNA，例如 miR-146a、miR-21、miR-155、miR-101 和 miR-7，它们都可能对 nTreg 细胞发育和功能产生影响。

也有研究检测了其他转录因子在 Treg 中的作用，例如 SATB1。SATB1 的表达在 Treg 细胞中明显下调，但其功能一直不清楚。近期有研究人员通过类似技术发现，在 Treg 细胞中 FOXP3 直接结合在 IL-22 启动子区域并下调 IL-22 的表达。由于 IL-22 是 Th17 细胞相关的细胞因子，这也意味着这些数据对于我们更好地理解 Treg 细胞的可塑性有重要作用。过表达 SATB1 的 Treg 细胞微阵列分析结果显示，nTreg 细胞获得了 Teff 细胞的表型，并向 Teff 细胞分化。目前许多研究组将自己的微阵列表达数据上传至数据库，并免费与全球研究人员分享，而这些信息将会对深度分析和研究产生巨大影响。

2. 下一代测序和染色体免疫共沉淀技术　下一代测序（next-generation sequencing，NGS）是高通量测序的划时代技术。随着操作和花费的减少，它在全世界范围逐渐流行起来。其中，mRNA-seq 技术可以对不同组织中 12 000 000 ～ 29 000 000 个 32bp 的 cDNA 片段进行测序，并产生总共 400 000 000 的阅读框和不同基因可变剪接的基因亚型。小 RNA 的深度测序已经被用于研究小鼠造血祖细胞和其下游 T 细胞系 miRNA 丰度研究，该研究旨在揭示淋巴细胞发育过程中 microRNA 组的调控网络。

同样，NGS 也可以和 ChIP 技术联合使用，我们称之为 ChIP-Seq 技术。该项技术可以对免疫沉淀后的 DNA 片对进行高通量测序，有助于了解转录因子和 DNA 结合的相关细节。ChIP-Seq 的技术优势是可以研究 mRNA 的表达水平，甚至是不同 mRNA 剪接体的表达水平，而后者是普通微阵列技术所不能达到的。在 Treg 领域中，Ouyang 等应用了该技术探究 Foxo1 在 Treg 细胞中的功能。在这之前，研究人员并不清楚 Foxo1 是通过 FOXP3 还是独立地调节 Treg 功能。但是，通过基因组 ChIP-Seq 技术，Ouyang 研究组发现了 300 个 Foxo1 的下游基因（包含有许多未知的 Foxo1 结合位点），有趣的是，这些基因大都是 FOXP3 非依赖的，这也揭示了 Foxo1 在 Treg 细胞中的新功能。Birzele 等采用 ChIP-Seq 和 mRNA-Seq 分析人静息态和激活态 Teff 细胞核 Treg 细胞的 FOXP3 结合区域和转录本的区别，他们发现了不同的基因表达、不同的 mRNA 剪接、不同的非编码 RNA 等。今后，更高级的测序方法和更复杂的算法毫无疑问将为基因研究和 Treg 功能研究提供更多线索。更重要的是，不同 mRNA 剪接体的功能将会是该领域未来的热点所在，因而这一技术将会为这一问题的解决提供巨大帮助。

（二）蛋白质组学

蛋白质组学是系统性研究蛋白质组的重要工具，它包括蛋白质水平的定量、蛋白质 - 蛋白质相互作用的研究和蛋白质翻译后的修饰水平。

1. 酵母双杂系统　最早期的蛋白质组学就是利用酵母双杂系统来研究蛋白质 - 蛋白质相互作用（PPIs）的。简单来说，两个单倍体酵母菌株，一个表达融合转录激活结构域的蛋白 X（AD），另一个表达融合有 DNA 结合结构域的蛋白 Y（DBD）。如果这两个蛋白可以相互作用，那么 AD 结构域和 DBD 结构域就会相互靠近，从而结合在报告基因上，并激活报告基因的表达。许多重要的 FOXP3 结合蛋白都是通过这一方法发现的，例如 RUNX1 就是通过该系统发现与 FOXP3 结合并抑制 IL-2 的表达，提高 Treg 相关分子的表达（CD25，GITR，CTLA-4），甚至提高 Treg 的抑制功能。但是，酵母双杂系统也存在一定局限性，例如准确性低、人为制造的环境。特别是约有 50% 的阳性结果都是错误的，它们可能是由于人为操作原因导致报告基因在相互作用缺失的情况下也表达，或者是因为生物学的相互作用并不发生。

2. **质谱** 质谱（MS）是一种测量样品中蛋白含量的重要技术手段。质谱通过电喷射离子化（ESI）或基质辅助激光解吸电离（MALDI）电离肽段并分析其质荷比（m/z）。在串联质谱或 MS/MS 中，质谱图中每一个单独的峰都可以被选出来进一步片段化和分析，并得到氨基酸序列信息。翻译后修饰（包括磷酸化、乙酰化、泛素化和甲基化）也可以通过质谱方法来寻找。因为这种修饰只在少数蛋白质发生，因此在质谱之前需要对样品进行富集。富集可以通过化学和亲和力的方法来实现，例如通过亲和标志物可以富集纯化修饰的蛋白质和肽段。研究人员也可以通过特异性抗体来获取相应的翻译后修饰蛋白，并采用质谱方法分析在不同环境下蛋白质相互作用的改变和翻译后修饰的变化。质谱还可以和其他技术一起联合使用来选择性分析特异的蛋白和肽段。串联亲和纯化（TAP）技术就涉及带有 TAP 标签的融合蛋白的产生、蛋白质复合物的提取及质谱数据的分析。

FOXP3 可以结合在 DNA 上调节其下游基因的转录水平，因此 FOXP3 的转录调节活性对于 Treg 细胞的抑制功能尤为重要。FOXP3 的转录功能也受到了其共结合因子、多聚化和翻译后修饰的调节作用。Rudra 研究组通过纯化带有生物素标记的 FOXP3 复合物，并质谱分析后发现了 361 个 FOXP3 结合蛋白，它们都对 Treg 细胞的分化和功能起到重要作用。

质谱依赖的蛋白质组学技术发展和生物信息学手段应用已经为新的翻译后修饰的发现提供了巨大帮助。丙酰化和丁酰化就是最新发现的两种组蛋白赖氨酸的修饰类型。而且，对于 FOXP3 复合物，包括 FOXP3 翻译后修饰和 FOXP3 新的结合蛋白研究都需要该技术的大力支持。

（三）新陈代谢组学

T 细胞中的新陈代谢是个高度动态的过程，它调控着 T 细胞的活化、分化、功能和细胞死亡。为了适应细胞生长、增殖和发育的需要，TCR 和 CD28 信号刺激 T 细胞活化会诱导一系列新陈代谢的改变。而且不同细胞类型具有不同的新陈代谢途径，Th1、Th2 和 Th17 细胞都减少脂肪氧化，而通过上调葡萄糖转运蛋白 1（Glut1）来增强糖酵解；与之相反，调节性 T 细胞主要依赖于脂肪氧化途径。缺氧诱导因子 1α（HIF1α）可以诱导 T 细胞进入糖酵解途径，进而分化为 Th17 细胞，而不是 Treg 细胞。缺乏 HIF1α 的 CD4$^+$ T 细胞不能分化成为 Th17 细胞，因为 HIF1α 对于糖酵解途径十分重要。而且 HIF1α 促进了 Th17 细胞相关基因的表达，例如 *RORγt*，与此同时还促进了 FOXP3 的蛋白酶降解途径来损伤 Treg 细胞的发育。

瘦素是一种调节食物摄取量和能量消耗平衡的激素，同时它也可以通过调节周期蛋白依赖性激酶抑制剂 27（p27kip1）、ERK1 和 ERK2 来抑制 Treg 细胞的新陈代谢。其他分子对于 Treg 细胞和 Teff 细胞平衡的调节也很重要，例如 Akt、mTOR、AMPK 等。这些研究表明这些代谢因子是如何调节细胞代谢的。由于代谢通路的复杂性，高通量策略将对 T 细胞分化代谢改变的进一步研究提供有效帮助。

（四）计算机分析

计算机系统生物学通过各种算法来分析大量高通量数据，从而推断出潜在的靶基因和可能的调节因子。生物系统的计算机网络已经被用于 Treg 细胞特征的识别。研究人员用生物信息学平台，从 129 个 Teff 细胞和 Treg 细胞中获取的微阵列数据中选择了 2021 个潜在转录因子和 603 个 Treg 标志的靶基因。这些数据可以用于预测 Treg 细胞的调节因子。除了 FOXP3 和已知因子外，他们还发现许多其他可能促进或抑制 Treg 功能的候选基因。随着对蛋白质结构和分子机制的了解，预测潜在的分子机制和蛋白结合功能将会成为现实。

三、展望

在免疫系统中，Treg 细胞维持着机体内稳态，防止产生过度的炎症反应。近期研究发现，Treg 细胞可以转变为其他类型的 T 细胞，这一现象我们称为 Treg 细胞的可塑性。但是，这一观点仍存在争议，有学者认为这些转变后的 Treg 细胞仅仅是很小的细胞群体，而且其功能不受约束。

高通量单细胞分析的发展使得我们可以直接分析单细胞的可塑性，该技术可能会对该领域的重大突破提供技术支持。单细胞分析的发展包括了单分子和细胞生物学成像技术，以及单分子质谱和非线性光学成像技术。为了处理日益增多的复杂数据，计算机的存储量和处理速度也必须随着提高。

此外，基因组 RNA 组干扰技术可以同一时间测试 Treg 细胞分化和功能中不同的基因。在原代 T 细胞中，低毒性和简单化 RNA 干扰技术将对基础研究和临床研究提供新信息和新方向。

（罗雪瑞　杨　静　陈祚珈　高雅懿　李孔晨　李　斌　王玲燕　王福萍）

第 7 章

幼淋巴细胞 – 淋巴细胞与生物信息学

幼淋巴细胞是成熟淋巴细胞的前体，在淋巴系发育过程中，介于淋巴母细胞与成熟淋巴细胞之间。本章介绍了幼淋巴细胞的分子生物学及形态学特性，探讨了在病理状态下，幼淋巴细胞的生理功能、表型及细胞产物的特异性改变，并在此基础上，介绍了幼淋巴细胞的基因组学与蛋白组学网络，为进一步寻找疾病特异性生物标志物及潜在药物治疗靶点做出提示。

一、幼淋巴细胞特性

（一）分子生物学特性

幼 T 淋巴细胞是 T 细胞系的始祖。这类细胞特异性表达 c-kit、CD44 与 CD25，但并不表达 T 细胞受体（TCR）、CD3、CD4 及 CD8。幼 B 淋巴细胞是 B 淋巴细胞的前体，特异性表面标志物为 CD34 和 CD19。

幼 B 淋巴细胞表达 Toll 样受体（TLRs），并与 TLR 配体作用后可以促进 B 细胞的种类转换重组。在有丝分裂信号的促进下，发育过程中的 B 细胞通过转换重组的过程，进一步分化为可以产生免疫球蛋白 G（IgG）的一类细胞，此时这类细胞就具有了参与免疫反应的潜力。免疫球蛋白重链发生基因重排，造成幼 B 淋巴细胞表面特异性表达前 B 细胞受体（pre-BCR），该受体的表达使得幼 B 淋巴细胞可以顺利过渡到下一分化阶段。在进一步发育过程中，B 细胞开始分泌各种各样的抗体与细胞因子。在 B 细胞成熟早期阶段，独立生长因子 -1（Gfi-1）开始被分泌，但随着 B 细胞的成熟，其表达量也逐渐降低。

T 细胞也有类似于 B 细胞的成熟过程，也同样依赖于 T 细胞受体的基因重排以及各类表面膜蛋白的表达。共同淋巴祖系细胞（CLP）从胚胎期肝脏或成熟骨髓中迁移至胸腺，使 T 淋巴细胞得以分化成熟。T 细胞系的发育取决于胸腺微环境中所产生的各类信号，其中白介素 -7（IL-7）对 T 细胞前体的增殖与存活起着不可或缺的作用，而白介素 -7 受体高亲和力链（CD127）的表达也要远早于 T 细胞分型。同样，早期 T 细胞的增殖与存活也依赖于各类细胞因子，例如干细胞因子（SCF）、重组人 Flt3 配体（FL）等，这些细胞因子的共同作用促进了早期 T 细胞的发育。

（二）形态学特性

幼淋巴细胞直径为 10 ～ 18μm，核仁清楚致密，核染色质浓缩。有研究表明，在慢性淋巴细胞白血病中，恶性淋巴细胞的产生与细胞中致密的核仁密切相关，这也提示针对细胞核仁的形态学检查或许可以作为评价患者是否具有良好预后的指标。

二、幼淋巴细胞的蛋白组学

近年来，蛋白组学的应用越来越广泛。在 Pubmed 的蛋白库中搜索，结果显示共有 5 种已知与幼淋巴细胞相关的蛋白质，分别是 B 淋巴细胞激酶（Blk）、B 细胞连接蛋白（BLNK）、脾酪氨酸激酶（SYK）、zeta 相关蛋白 70（ZAP70）与人铁反应元件结合蛋白 2（IREB2）。

（一）脾酪氨酸激酶（SYK）

SYK 扮演着下游效应蛋白的角色，在 B 细胞受体信号转导上起着重要作用，尤其是在幼 B 淋巴细胞阶段。使用 SYK 抑制剂来抑制 SYK 的作用，极易导致淋巴组织的恶性肿瘤及自身免疫性疾病，但也有科学家证实短期使用 SYK 抑制剂仅会对幼 B 淋巴细胞的发育产生影响，对成熟 B 细胞并不产生任何影响。

（二）B 细胞连接蛋白（BLNK）

BLNK 是 BCR 信号转导过程中的一种关键的衔接蛋白。虽然 B 细胞受体的信号转导主要依赖于 SYK 的富集与活化，激活的 SYK 可以使下游信号通路上的多种蛋白磷酸化，包括 BLNK，但人体内 BLNK 发生变异同样也会导致 B 淋巴细胞的发育完全停滞在幼 B 淋巴细胞阶段。

（三）zeta 相关蛋白 70（ZAP70）

ZAP70 SYK 家族的一员，主要在 T 细胞与 NK 细胞中表达。ZAP70 是 T 细胞活化的关键蛋白，同样也参与幼 B 淋巴细胞的发育过程。

（四）其他蛋白

细胞周期的进程受到细胞内外多种因素的调控，其中周期蛋白依赖性激酶（CDK）起着不可或缺的作用。科学家发现在幼 B 淋巴细胞中，细胞周期蛋白 D1 的表达会引起在淋巴细胞胞核与胞质中 p27Kip1 表达量相应增多，而 p27Kip1 正是调控细胞增殖的关键因素，具有负性调节细胞增生的功能。酪氨酸激酶 3/ 信号转导和转录激活因子 5（JAK3/STAT5）信号通路的激活则会相应抑制 p27Kip1 的表达。JAK3/STAT5 信号通路的激活部分依赖于 IL-7 的自分泌，而 BLNK 则可以通过直接作用于 JAK3 来有效抑制其活化，从而抑制细胞周期的进程，影响细胞的生长。

CCCTC 结合因子（CTCF）是一种锌指蛋白，在染色质构成中起着结构与功能性作用。有研究指出，CTCF 与核转录因子 Yin Yang-1 （YY1）、转录因子 Pax5 等其他蛋白质一起，参与了在幼 B 淋巴细胞阶段 Igh 位点的 V（D）J 基因重排。

蛋白质间的相互关联，见图 7-1。

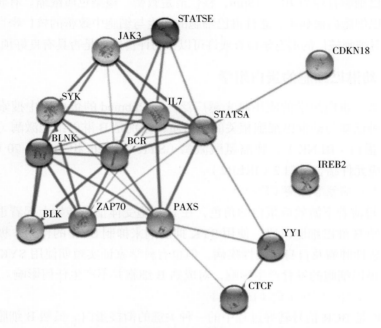

图 7-1　使用 STRING 工具制作的蛋白质网络
连接线越粗，代表了蛋白质间的关联越强

三、幼淋巴细胞的基因组学

在 Pubmed 基因库中搜索，结果显示共有 13 种已知与幼淋巴细胞相关的基因，见表 7-1。

表 7-1　幼淋巴细胞相关基因（数据来自 Pubmed Gene Bank）

缩写	全称
FLT3	fms- 样酪氨酸激酶 3
GATA3	GATA 结合蛋白 3
IL10	白介素 10
CXCL12	趋化因子配体 12
CRP	C 反应蛋白
Notch1	Notch1 基因

缩写	全称
PDCD1	程序性细胞死亡基因
C3	补体 C3
IL7	白介素 7
Pax5	成对框基因 5
Stat5a	信号传导及转录激活蛋白 5a
Myc	myc 基因
Il7r	白介素 7 受体

研究表明，*Notch1* 基因在很大程度上决定了 T 细胞的表型，其在胸腺皮质中的信号转导决定了 T 细胞的命运。此外，Notch1 还能有效抑制 B 细胞的发育，科学家推测这种抑制可能是因为其信号转导过程中有效抑制了 EBF 的功能及 Pax5 的表达。

对于早期 T 细胞的产生与分化，目前已证实有多种转录因子参与其中，例如，Ikaros、Myb、TCF1 等。*GATA3* 基因可能也与早期 T 细胞的分化密切相关，但是它并不调控 T 细胞的存活与增殖。

此外，我们也发现了在 Pubmed 基因库中未能搜索到的其他一些相关基因也参与了幼 T 淋巴细胞的发育。在幼 T 淋巴细胞阶段，HOXB3 的表达干预了幼 T 淋巴细胞进一步选择分化的亚型。而 HOXC4 则参与了 T 细胞发育的全部阶段。作为胸腺特异性的一类非编码 RNA、*Thy-ncR1* 基因在 T 细胞的成熟过程中也发挥着重要作用。

在幼 B 淋巴细胞中，Flt3 可以促进 B 细胞前体的产生，但其信号通路的机制尚不明朗。最近有体外试验研究结果提示 Flt3 的激活促进了 IL-7R 的表达，而骨髓中幼 B 淋巴细胞的发育正是依赖着 IL-7R 的信号传导。此外，在体外培养体系中，IL-7R 的信号传导更是 CLP 分化为幼 B 淋巴细胞的必要条件之一。更为重要的是，有研究指出 Flt3 与 IL-7 同时缺失会导致无论是在胚胎期还是在成年期，造血系统都无法生成 B 细胞系。

在幼 B 淋巴细胞阶段，IL-7R 信号通路通过 STAT5 直接调控免疫球蛋白的基因重排。IL-7 刺激对于维持 EBF 表达至关重要，EBF 是 B 细胞发育中不可或缺的转录因子，尤其是在幼 B 淋巴细胞分型之后，对维持 B 细胞尤其是幼 B 淋巴细胞的分化潜能及细胞进程至关重要。另外，也有研究指出另外两种基因，*E47* 与 *Pax5*，也与 EBF 的转录密切相关。

SDF1 在 B 淋巴细胞增生中起着重要作用。科学家发现在敲除了 *SDF1* 基因或其受体 CXCR4 的小鼠中，B 细胞的数量急剧降低，而肿瘤坏死因子 α（TNF-α）表达量的增高会抑制骨髓基质细胞中 SDF1 的释放，这一结果提示 TNF-α 可能可以改变骨髓微环境，从而直接或间接抑制 B 细胞发育与增生。

Nfil3，也被称为 E4bp4，是一种基础的亮氨酸拉链转录因子，能够促进 IL-3 介导的幼 B 淋巴细胞的存活。

存在于 10 号染色体上的 *PTEN* 基因调控 mTOR 信号通路关键的第一步。科学家发现幼 B 淋巴细胞内的 *PTEN* 基因是导致 AKT 活性降低，造成细胞死亡的关键因素。

上述基因间的相互关联，见图 7-2。

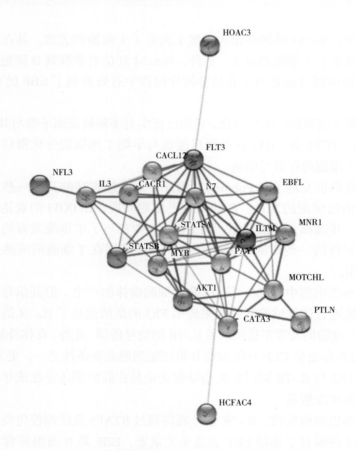

图 7-2 使用 STRING 工具制作的基因网络图
连接线越粗，代表了基因间的关联越强

四、幼淋巴细胞与白血病

慢性淋巴细胞白血病的显著特征是幼淋巴细胞比例达到 10% 以上。而在急性淋巴细胞白血病患者体内，大量白血病细胞也都被证实为幼 B 淋巴细胞。

一项在患有脾 B 细胞淋巴瘤伴脾大及骨髓侵犯的 62 ～ 79 岁老年人中的调查显示，他们血液中幼淋巴细胞的比例均超过了 55%。因此，幼淋巴细胞计数显著升高被考虑作为 B 幼淋巴细胞白血病的临床诊断标准之一。同样，幼 T 淋巴细胞的异常增多也可导致幼 T 淋巴细胞白血病。

这些结果提示在幼淋巴细胞阶段进行疾病干预的重要性。

五、白血病特异性生物标志物

近年来，在慢性淋巴细胞白血病与幼淋巴细胞白血病领域，最热的研究热点是寻找有效的疾病特异性生物标志物。

肿瘤抑制蛋白 p53 是对 DNA 损伤产生应答的一种重要的转录因子，并可激活细胞的凋亡途径。科学家证实幼淋巴细胞中的 *p53* 基因对慢性淋巴细胞白血病的发生具有重要作用，而慢性淋巴细胞白血病患者体内的幼淋巴细胞比例均高达 10% 以上，因此，存在于幼淋巴细胞中的 *p53* 基因在极大程度上推进了其发病进程。

t（2；14）易位是慢性淋巴细胞白血病的典型形态学特征之一，BCL11A 与 IgH 被证实与该染色体的易位密切相关。

MYC 是染色体发生易位、激活癌基因的元凶。*MYC* 基因重排会造成 myc 蛋白的过度表达，从而导致细胞过度增生。虽然在慢性淋巴细胞白血病患者的幼淋巴细胞内，MYC 的基因重排并不常见，但是 MYC 的基因重排却是与幼淋巴细胞数量增多、复杂的细胞遗传性异常及不良预后密切相关的。正因为 MYC 的易位与不良预后相关，因此，MYC 易位会加重幼淋巴细胞白血病的病程。

Aurora-A 激酶属调节细胞周期的一类激酶，体内此类激酶的过度表达与染色体不稳定及肿瘤的发生密切相关。有研究表明在慢性淋巴细胞白血病中，幼淋巴细胞越多，Aurora-A 激酶的表达也会相应越强。因此，Aurora-A 激酶的过度表达也被认为是引起染色体异常的原因，但同时也成了治疗的潜在靶点。

六、展望

以上我们分别讨论了幼淋巴细胞的生物学及形态学特性、蛋白组学、基因组学及其在疾病中的作用与特异性疾病标志物。可以看到，幼淋巴细胞与淋巴组织恶性肿瘤的发生密切相关，因此，对于这类细胞的研究任重而道远。希望随着研究的深入、科学的发展，科学家们可以更好地掌握这类细胞的特性，理解它们与淋巴组织恶性肿瘤及其他相关疾病的联系，从而寻找到更有效的药物治疗靶点以及更佳的治疗方式。

（钱梦佳　王向东　施杰毅）

第8章

淋巴细胞在肝癌中的作用及其治疗利用

　　肿瘤浸润淋巴细胞（TIL）是免疫监视系统的重要组成部分，也是抗肿瘤免疫反应的主要成分。肝脏作为一个免疫器官，特别配备了肝脏相关淋巴细胞。肝癌可以被视为未可控的慢性炎症病变，其微环境可通过 TIL 的活化和增殖控制肿瘤的进展，其中主要是 $CD8^+$、$CD4^+$T 细胞和自然杀伤细胞的作用。而 $CD4^+CD25^+Foxp3^+$ 调节性 T 细胞（Treg）可能会损害 $CD8^+$T 细胞效应，促进肝癌侵袭和进展。调节性 T 细胞和毒性 T 细胞之间的平衡是肿瘤复发和生存的独立预测因子。清除调节性 T 细胞和刺激效应 T 细胞相结合，可能是肝癌免疫治疗的有效策略。作为一门新兴学科，转化生物信息学专注于基因组学、蛋白质组学、代谢组学和生物信息学，将会增加我们对系统免疫学分子机制的理解。本章介绍肝癌中不同淋巴细胞的特征和生物学功能，描述了淋巴细胞相关细胞因子和趋化因子等，以及淋巴细胞相关生物信息学和网络调控特点，以便发现肝癌特异性的生物标志物和治疗靶点。

一、肝癌及其发病机制研究进展

　　肝癌是全球第五大最常见的癌症，在癌症相关死亡原因中位居第二，尤其是在东亚、东南亚、中非和西非。肝细胞肝癌（HCC）占原发性肝癌的 70% ～ 85%，是肝癌中最主要的组织学亚型。肝癌的发病率在过去的 20 年间显著上升，其发病原因与乙型肝炎病毒（HBV）、丙型肝炎病毒（HCV）、黄曲霉毒素和酗酒密切相关。肝癌唯一有效的治疗方法是手术切除或肝移植。肝移植的条件是单一肿瘤直径 <5cm 或肿瘤数目少于 3 个且单个肿瘤直径少于 3cm 的患者。肝移植患者的 5 年生存率为 85%，复发率 <10%。然而，多数患者不能满足这种严格的移植标准或存在移植禁忌证，这些患者可以接受局部治疗，如经皮无水乙醇注射（PEI）、射频消融或肝动脉化疗栓塞（TACE）。

　　经过几十年的研究，肝癌患者的生存期有所改善。但由于复发和转移率很高，治疗效果仍不理想。肝癌生成及转移是一个偶然和逐步进展的过程，中间涉及多种网络调控通路、免疫逃逸机制，最终导致肿瘤无限增殖和转移直至死亡。其中，免疫学机制在监视恶性肿瘤及控制肿瘤进展中起着相当重要的作用。肝脏作为一个免疫器官，特别配备了肝脏相关淋巴细胞，其中主要是 T 淋巴细胞和自然杀伤细胞（NK）。因此，肝脏在局部和全身性免疫调节中起关键作用。HBV 持续感染和慢性乙型肝炎的形成主要归因于宿主免疫应答缺陷，包括细胞毒 T 淋巴细胞、辅助 T 淋巴细胞、调节性 T 细胞、自然杀伤细胞（NK）、自然杀伤性 T 细胞（NKT）、树突状细胞（DC）的缺陷，以及细胞因子失衡，凋亡通路和 PD-1 反应紊乱。

在肝癌微环境中，肿瘤浸润淋巴细胞（TIL）代表了宿主的免疫能力。先天性和适应性免疫系统通过细胞介导的机制消灭肿瘤。除此之外，肝癌可以被视为不可控的慢性炎症病变，其微环境可通过 TIL 活化和增殖控制肿瘤进展，其中主要是 CD8$^+$ 和 CD4$^+$T 淋巴细胞和自然杀伤细胞的作用。而 CD4$^+$CD25$^+$Foxp3$^+$ 调节性 T 细胞（Treg）会损害 CD8$^+$T 细胞的效应，促进肝癌的侵袭和进展（图 8-1）。调节性 T 细胞和毒性 T 细胞之间的平衡是肿瘤复发和生存的独立预测因子。清除调节性 T 细胞和刺激效应 T 细胞相结合，可能是肝癌免疫治疗的有效策略。本节论述了肝癌中不同淋巴细胞的特征和生物学功能，描述了淋巴细胞相关细胞因子、趋化因子等细胞介质，以便发现肝癌特异性的生物标志物和治疗靶点。

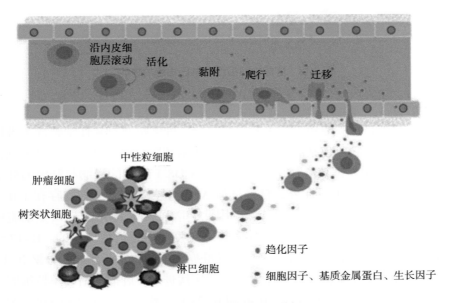

图 8-1 肿瘤浸润淋巴细胞步骤

二、肝癌中的 TIL 亚群

肿瘤浸润淋巴细胞（TIL）是由不同淋巴细胞亚群构成的。TIL 的促肿瘤或抗肿瘤特性取决于其淋巴细胞亚群的种类，而其淋巴细胞亚群是由肿瘤微环境决定的。以下列举了与肝癌相关的 TIL 淋巴细胞亚群（图 8-2）。

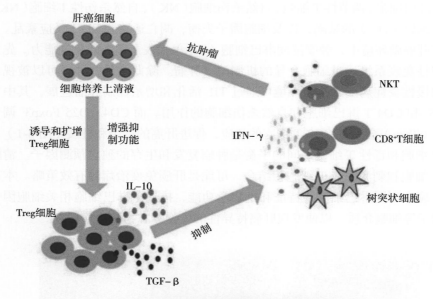

图 8-2　肝癌中肿瘤浸润淋巴细胞的功能

（一）CD8⁺ T 淋巴细胞

$CD8^+T$ 细胞是抗肿瘤免疫的重要组成部分。肿瘤抗原特异性细胞毒 T 淋巴细胞可以通过释放颗粒（包括膜裂解物质如穿孔素和颗粒酶）直接杀死靶细胞，从而在抗肿瘤免疫中发挥核心作用（图 8-2）。$CD8^+T$ 细胞的浸润与肝癌的低复发率和预后良好密切相关。此外，自身抗原 AFP 特异性 $CD8^+T$ 细胞存在于正常 T 细胞库中，并且不被中枢或外周清除。因此，增强 AFP 特异性 $CD8^+T$ 细胞应答是治疗肝癌的一种策略，同时也证实了许多免疫反应是值得保护的。IL-12 激活的 $CD8^+T$ 细胞能够分泌 IFN-γ，直接诱导肝癌细胞的凋亡。然而，分泌 IL-17 的 $CD8^+T$ 细胞在肝癌中聚集，促进血管生成和疾病进展。肿瘤激活的单核细胞能够分泌一组关键细胞因子（IL-1β，IL-6 和 IL-23），激发产 IL-17 的 $CD8^+T$ 细胞增殖（TC17 细胞）。因此，TC17 细胞是不同类型免疫细胞在不同肿瘤微环境中协调作用而产生的。

（二）自然杀伤 T 淋巴细胞（NKT）

自然杀伤 T 淋巴细胞（NKT）作为最初反应的 T 细胞，是先天性和适应性免疫之间的桥梁。NKT 细胞有助于抗肿瘤免疫或抑制癌症。保护性 NKT 细胞主要为 I 型 NKT 细胞，其 T 细胞受体（TCR）的表型在小鼠是 Vα14Jα18，人的为 Vα24Jα18。α 半乳糖苷可以扩增 I 型 NKT 细胞。I 型 NKT 细胞分为 CD4$^+$ 和 CD4$^-$，其中具有抗肿瘤作用的是 CD4$^-$ 者。其抗肿瘤活性依赖于 IFN-γ 的产生和 NK 细胞的激活，但不取决于 NKT 细胞自身表达的穿孔素。这表明 I 型 NKT 细胞并非直接裂解肿瘤细胞，其抗肿瘤作用是间接的，涉及 IFN-γ 介导的 NK 细胞的激活和 CD8$^+$T 细胞的裂解活性。抗肿瘤作用主要是由肝脏中的 CD4$^-$CD8$^-$ I 型 NKT 细胞介导的，而不是脾脏或胸腺中的细胞介导。促肿瘤 NKT 细胞一般是 CD4$^+$、具有多样 T 细胞受体、对其他脂类应答的 II 型 NKT 细胞。此外，I 型和 II 型 NKT 细胞彼此相互影响，形成了新的免疫调节轴。该轴的平衡与否可影响肿瘤免疫和对疫苗的反应。

肝脏相关 NKT 细胞是一种独特的淋巴细胞亚群，在抗肿瘤免疫中起重要作用。它可以通过肿瘤抗原致敏的树突状细胞抑制肝癌生长。NKT 细胞在 HCV 感染的肝硬化患者中减少，导致肝癌的患病率升高。分泌 CCL20 的肿瘤相关巨噬细胞能损伤 NKT 细胞的活性和功能，采用 IL-15 转导的 NKT 细胞的过继免疫治疗可逆转这种损伤。原因是 IL-15 可以保护 NKT 细胞免受肿瘤相关巨噬细胞的抑制，增强抗转移能力。

α- 半乳糖神经酰胺作为佐剂的肿瘤疫苗，以 NKT 细胞的免疫活性为靶点，可以显著抑制肿瘤生长并延长生存。它对治疗急性髓性白血病也有疗效。这些都表明 NKT 细胞配体在抗肿瘤疫苗中的免疫佐剂效应，证实了 NKT 细胞免疫治疗的临床研究意义。

（三）树突状细胞（DC）

树突状细胞是最有效的专职抗原呈递细胞，广泛分布于外周淋巴组织中。树突状细胞决定免疫应答最终是激活免疫系统还是导致免疫耐受。尽管树体状细胞对肝脏免疫调节的意义已确定，但是对肝癌的发生发展仍然不明确。树突状细胞在肝癌的浸润与手术后患者的预后明显相关，可作为肝癌复发和转移的预测指标。

（四）调节性 T 淋巴细胞（Treg）

Treg 细胞是具有抑制功能的 CD4$^+$T 细胞亚群，特征性地表达白介素 -2 受体 α 链（CD25）和 Foxp3。Treg 细胞可以分泌转化生长因子（TGF）-β$_1$ 和 IL-10，也可以表达膜型 TGF-β$_1$。此外，Treg 细胞保护机体逃脱自身免疫监视，介导移植耐受，在肿瘤免疫调节中发挥作用。在非小细胞肺癌、卵巢癌、乳腺癌和胰腺癌中 Treg 细胞的数量增加。在肝癌患者的局部免疫应答中也存在肿瘤浸润 Treg 细胞。它们通过抑制 IL-2 的生成，从而抑制 CD4$^+$ 和 CD8$^+$T 细胞的活化、增殖、脱颗粒以及抑制颗粒酶 A、颗粒酶 B、穿孔素的生成。

与非肿瘤组织相比，Treg 细胞在肝癌组织中显著增加，而细胞毒性 CD8$^+$T 细胞（CTL）则在肝癌进展过程中逐渐减少。此外，Treg 细胞和细胞毒性 T 细胞的平衡与手术后肝癌患者的预后相关，是影响无病生存率（DFS）和总生存期（OS）的独立预后因素。高 Treg 低 CTL 组的 5 年 OS 和 DFS 分别为 24.1% 和 19.8%，而低 Treg 高 CTL 组的 5 年 OS 和 DFS 分别为 64.0% 和 59.4%。此外，Treg 细胞密度升高与肿瘤血管浸润相关。

Treg 细胞在肝癌患者外围血单核细胞（PBMC）中增加，与肿瘤负荷呈正相关。当 PBMC 与肝癌细胞共培养时，Treg 细胞数目会增加，其表型和功能也会发生变化，主要影响是 CD45RA、CD45RO、CD69、CD62L、GITR、CTLA-4、Ki-67、颗粒酶 A、颗粒酶 B 和 FOXP3 在 Treg 中表达上升，导致 Treg 细胞的抑制能力增强。这些都表明肿瘤相关因子不仅导致 Treg 数目的增加，也可以增强 Treg 的抑制功能。

Treg 细胞的升高也与巨噬细胞的增加有关。在体内试验中，巨噬细胞的耗竭能够降低肝脏中 Treg 细胞的数目。在体外试验中，暴露于肝癌细胞培养上清液中的巨噬细胞能够增加 Treg 细胞的数目，这个过程可以部分地被 IL-10 抗体所阻断。因此，肿瘤相关巨噬细胞可以触发 Treg 细胞数目的增加，进而促进肝癌的进展。Treg 可以被 CD14$^+$HLA-DR$^-$细胞诱导。CD14$^+$HLA-DR$^-$细胞是髓源性抑制细胞的新亚群（MDSC），在肝癌患者的血液和肿瘤组织中均增加，从而发挥免疫抑制功能。当 Treg 细胞加入到由负载自体肿瘤细胞裂解物的 DC 激活混合淋巴细胞反应中时，淋巴细胞的增殖会受到抑制，这表明 Treg 细胞可能会抑制由树突状细胞激活的免疫应答。

三、基于 TIL 的肝癌治疗

1986 年，Rosenberg 等报道 TIL 和环磷酰胺相联合，能清除肝脏和肺脏转移灶，而 IL-2 可以起到增效作用。环磷酰胺、TIL 和 IL-2 相结合，能够 100% 治愈 MC-38 结肠腺癌小鼠的肝转移，对肺转移的治愈率高达 50%。自此，基于 TIL 的免疫治疗迅速发展。

（一）自体 TIL 治疗

使用自体 TIL 的过继细胞治疗（ACT）是一种前景光明的治疗方法，尤其对于常规疗法无效的癌症（图 8-3）。一项正在进行的 II 期临床试验研究了转移性黑色素瘤患者采用 TIL 治疗的效果。经过免疫相关反应标准分析，15/31（48.4%）的患者达到了临床客观缓解，其中 2 名患者（6.5%）达到完全缓解。客观缓解的患者中有 9/15（60%）的无进展生存期 >12 个月。与客观缓解显著相关的因素包括输注 TIL 的数量、注射产品中 CD8$^+$T 细胞的比例、CD8$^+$T 细胞的分化表型、共表达阴性共刺激分子 BTLA 的 CD8$^+$T 细胞的数目。TIL 中分化好的 CD8$^+$T 细胞及表达 BTLA 的细胞与肿瘤消退相关。临床研究还表明，自体细胞因子诱导的杀伤细胞（CIK）免疫疗法可以作为一种辅助抗肿瘤有效的手段，消除残余的癌细胞，防止肿瘤复发，提高无进展生存期（PFS），促进肝癌患者的生活质量。与非 CIK 组相比，CIK 组的 CD3$^+$、CD4$^+$、CD4$^+$CD8$^+$ 和 CD3$^+$CD4$^+$T 细胞数目显著增加。

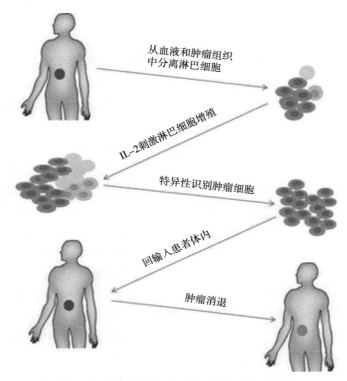

图 8-3　自体肿瘤浸润淋巴细胞过继免疫治疗

　　临床试验表明，采用 TIL 的 ACT 治疗肝癌是有效的，而这种疗法的成功应用需要为每位患者选择单独的肿瘤反应性淋巴细胞培养液。这项工作在技术上和伦理上都是难以实行的，而对于缺乏肿瘤反应性 TIL 患者无法接受该种治疗。患者的年龄、性别、全身治疗的类型和时机等因素显著影响肿瘤组织中 TIL 生长的成功率，这些参数亦有助于选择适合 ACT 疗法的患者。

　　（二）疫苗治疗

　　肿瘤疫苗能够激活机体的免疫系统，是预防和治疗癌症非常有前景的方法。Th1 辅助细胞免疫反应是非常重要的基于 DC 的免疫疗法。IL-18 是 Th1 型细胞因子，在诱导细胞毒 T 淋巴细胞免疫应答中起关键作用。肿瘤相关抗原（TAA）和 IL-18 联合转导的树突状细胞，用于制备肿瘤疫苗。这种疗法能够激活树突状细胞、CD4$^+$T 细胞和 CD8$^+$T 细胞，是一种有效的免疫治疗策略，可能会应用于临床来治疗肝癌。

（三）病毒特异性 T 细胞治疗

慢性乙肝和乙肝相关肝癌患者的外周血单核细胞（PBMC）中存在 HBV 特异性 T 细胞，其受体能够结合含 HBV-DNA 的病毒抗原，并识别表达该抗原的细胞。在慢性乙肝和乙肝相关性肝癌患者中，这些基因修饰的 T 细胞可用于重构病毒特异性 T 细胞免疫应答。

四、采用高通量技术研究肝癌淋巴细胞

（一）基因组学

在基因组时代，免疫学家可以同时监测多种不同的基因。如何处理大量数据是挑战之一。不同颜色的需求在流式细胞识别方面更显突出。基因芯片技术不仅可以用于细胞表面的研究，也可以拓展至淋巴细胞基因转录。淋巴细胞特异性基因组不稳定性是连接演变、发展和癌症的推动力。Kirsch 等已经开发出一种量化分析，可用于研究由 V（D）J 重组复合体介导的特定类型的淋巴细胞特异基因不稳定性（抗原受体反式重排），并由此发现这种不稳定性水平与淋巴恶性程度的相关性。癌症的高分辨基因组谱揭示了新的复发性基因病变，这些病变影响了参与淋巴细胞分化和细胞周期的多种信号途径，如 CDKN2A、CDKN1B 和控制 G1/S 细胞周期进程的 RB1，以及随后的 B 细胞发育相关基因。

2000 年，研究者提出了一种快速高通量筛选方法，用于分析肿瘤浸润淋巴细胞（TIL）的基因表达模式，可以最大限度减少克隆的 DNA 测序和生物信息学操作。TIL 细胞的基因表达模式在一例卵巢癌和一例肝癌患者中进行研究。肿瘤组织中有 3 组不同的基因表达谱：第一组基因参与细胞增殖和有丝分裂，如 c-myc、IL-8、LD78、MIP-1β、胰岛素诱导蛋白和 AH 受体；第二组包括了参与淋巴细胞黏附于内皮细胞和淋巴细胞外渗入肿瘤组织的基因，如 P- 选择素配体与整合素；第三组基因包括穿孔素、Fas 配体和颗粒酶 B，参与肿瘤细胞的细胞毒作用。此外，两个标本中 *TIL* 基因的表达模式稍有不同，可以用来解释细胞间相互作用和细胞毒性的分子机制。

Coulouarn 等在 c-myc/TGF-α 转基因小鼠模型中发现了影响肝癌发生和发展的细胞和分子间相互作用的全面动态特征。利用功能基因组学研究肝癌的早期阶段，他们发现由 NK 细胞和 NKT 细胞介导的先天免疫监视破坏可能会加速肝癌的进展过程。尤其是通过流式细胞仪分析得出结论，Ⅰ 类主要组织相容性复合体在不典型增生肝细胞中的表达缺失，导致 NK 细胞许多激活配体的上调和肝脏 NK 细胞数目的下降。

Zhang 等进行了一个结合单细胞 mRNA 差异表达和 RNA 消减杂交的基因组学研究。他们比较了肝癌 TIL 中静止的 CD8$^+$T 细胞与单细胞水平中静止的 T 细胞，通过高通量筛选和表达序列标签（ESTs）的比较分析确定了候选基因的差异表达。

在静止 CD8$^+$T 细胞中，下列因子呈低表达：T 细胞受体基因、肿瘤坏死因子（TNF）受体、肿瘤坏死因子相关凋亡诱导配体（TRAIL）和穿孔素，而以下关键基因则呈高表达：转化生长因子（TGF）-β、肺 Krupple 样因子（LKLF）、Sno-A、Ski、Myc、ETS-2 阻遏因子（ERF）和 RE1 沉默转录因子（REST/NRSF）复合物。CD8$^+$T 细胞持续静止的监管模式已被提出，包括 3 个组成部分：对 TGF-β 信号通路的上调、Myc 网络的变化、细胞周期的抑制。

（二）蛋白质组学

在后基因组时代，蛋白质组学和多肽组学越来越多地被用来发现和验证网络生物标志物，用于疾病的诊断和药物的研发。肿瘤蛋白质组学的定义是通过蛋白质组学技术对癌细胞中的蛋白质及其相互作用的研究，目的是揭示肿瘤发生的分子机制，以及控制肿瘤重要临床行为，如转移、侵袭和治疗抵抗的分子机制（图 8-4）。蛋白质组学可以用来确定在 G0～G1 过渡中的 T 细胞重排、动态蛋白质相互作用网络等调控机制的变化。蛋白质组学也用来明确肝癌免疫逃逸的机制，如淋巴细胞功能缺失及其与肝癌侵袭的关系。Weng 等通过二维电泳和电喷射质谱法分析了不同转移潜能人肝癌裂解物负载的 DC 细胞活化人外周血单个核细胞（PBMC）。在高转移潜能肝癌裂解物负载的 DC 中，β-中心蛋白的下调是最明显的，与 DC 功能障碍和肝癌侵袭密切相关。

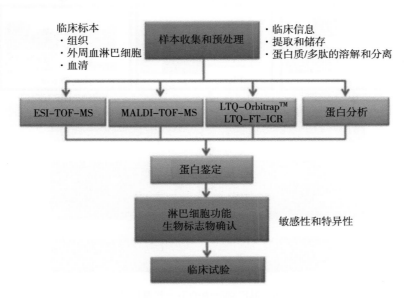

图 8-4 蛋白质组学研究流程

（三）下一代基因测序技术

癌症的发展涉及不同水平的改变，从单一核苷酸结构和拷贝数的变化到表观遗传学的变化。因此，癌症基因组序列和结构分析帮助我们了解癌症生物学特点和诊断治疗特征。传统的序列分析方法包括 Sanger 测序、等位基因特异性 PCR 等，现在已被广泛用于指导癌症治疗。然而，传统的序列分析受到带宽和通量的限制，只用于检测关键基因最常见的变化或单基因全序列测序。

第二代 DNA 测序技术也被称为下一代基因测序（NGS）。它是通过全基因组、全外显子和全转录组的方法，促成癌症基因组学的转变。同时产生了大量数据，可以不同的方式进行分析，回答了许多关于与癌症相关基因组改变的问题。例如，通路分析提供了细胞蛋白质网络和相关分析，旨在揭示基因改变和临床表现之间的因果关系。NGS 也可以同时检测所有癌症相关基因的缺失、小的插入、拷贝数的变化、染色体重排、易位和碱基替换。NGS 平台的发展为癌症相关淋巴细胞的研究提供了全面而准确的手段（图 8-5）。

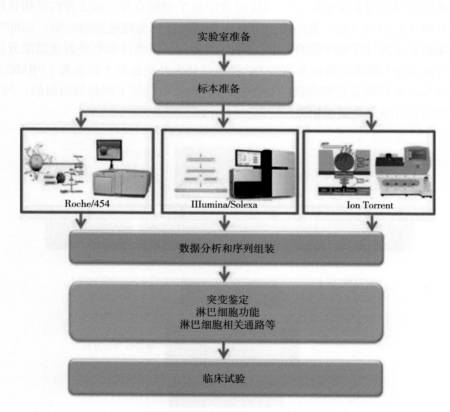

图 8-5　淋巴细胞中的下一代基因测序

Ding 等利用下一代基因测序技术设计了一个大规模锚定平行测序方法，对全球 40 对乙肝相关肝癌组织及癌旁组织中 HBV 整合事件进行了观察。他们确定了

286 个 HBV-DNA 整合位点（UISS）。为了解 HBV 靶向基因功能，他们进行了基因本体分析，发现靶基因富集在几个与 T 细胞分化和活化相关的基因本体语义中。

五、肝癌中的网络化调控和个体化治疗

（一）网络化调控

肿瘤是由恶性克隆细胞和周围基质细胞相互作用而成，通过淋巴细胞归巢、分化、激活和抗原反应调节免疫功能。因此，研究者强调肿瘤微环境中基质细胞和淋巴细胞之间的内在网络，希望发现潜在靶向免疫治疗手段。有学者研究了围手术期肝癌患者外周血中调节性 T 细胞和调节性 B 细胞的动态变化，发现手术患者中两者的比值升高。与健康者和慢性乙型肝炎患者相比，手术前肝癌患者外周血中调节性 T 细胞和调节性 B 细胞的水平显著下降，但是手术后其水平明显升高。外周血 Treg 细胞的数目与中性粒细胞、铁蛋白和临床特征相关，与门静脉血栓形成、肝静脉受累和临床分期呈正相关。Breg 细胞的数目与 HBVe 抗原和 HBV-DNA 拷贝量相关。这些结果均提示手术后联合对抗 Treg 和 Breg 的治疗可能会改善肝癌患者的预后。

（二）转化医学和个体化治疗

个体化治疗需要克服的难题是："生命的分子模式"的可疑有效性，从床边到社区科学进步的双向翻译，生物信息学的局限性，扩大癌症生物学诊断和治疗选择的未知领域。这些考虑均适用于淋巴细胞学，更确切地说是淋巴细胞组学（lymphatomics）。淋巴细胞组学是针对健康和疾病状态下淋巴管、淋巴结和淋巴细胞这个集成系统相关领域的研究。而这些已知或未知领域直接对癌症生物学、诊断和治疗产生影响（图 8-6）。

六、小结

肿瘤浸润淋巴细胞的数量和质量是决定抗肿瘤免疫治疗效果的关键因素。深入研究肝癌中淋巴细胞的作用，对未来的免疫治疗至关重要。我们希望能够基于患者的淋巴细胞状态，在合适的时间，给合适的患者以正确的治疗方法。而临床生物信息学将会促进淋巴细胞靶向治疗的发展。转化医学和循证医学能够促进生物技术的发展，促进高通量数据的飞速增长，有利于淋巴免疫系统中基因组学、转录因子、转录后水平和转化医学的进步。淋巴细胞靶向治疗是系统临床医学最关键和有效的治疗措施之一，将会改善肝癌患者的生活质量。

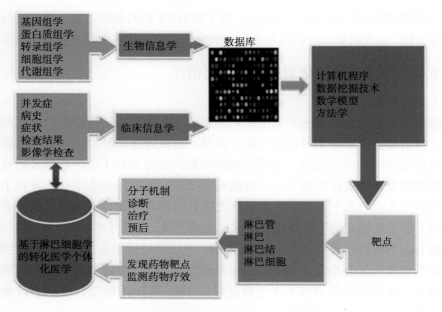

图 8-6　淋巴细胞组学时代的转化医学和个体化医学

（徐晓晶　夏景林）

第 9 章

肝细胞坏死的早期生物标志物

肝细胞死亡的现有血清标志物可用于追踪患者的肝脏损伤与修复。然而，对早期检测或预测肝损伤损意义并不是很大。改进的非侵入性肝损伤生物标志物将是未来的一个明确需要。幸运的是，我们正朝着这个方向前进。肝细胞死亡新的生物标志物包括细胞凋亡/坏死、线粒体损伤、炎症和其他途径的机制生物标志物，能更早、更准确地为患者损伤和预后提供预测。本章将对这新兴一代的生物标志物及其对未来的可能性做一简要回顾。

一、肝细胞死亡

生物标志物在转化研究和实践中起了重要作用。广义的定义，生物标志物是一个潜在生理或病理生理过程的肤浅指标。在这个意义上，生物标志物可能是疾病的症状（如糖尿病患者的视网膜病变），外源性探针可以施用于受试者，在受试者体内穿过或改变而被监测，或内源性分子可在机体应对某种应激反应变化时在血清中被检测。一般地，生物标志物提供快速、非侵入性方法来评估个体的健康或深入了解疾病的发病机制。

在肝损伤诊断的研究中，内源性血清生物标志物是最重要的一类。丙氨酸和天冬氨酸转氨酶（ALT 和 AST）首先在 1950 年被提出作为器官损伤的生物标志物，它们被证明在心肌梗死，肝炎和某些癌症患者血清中升高，因此成为肝损伤的标准指标。在此之前，根据各种化合物或血清球蛋白沉淀的生物转化的费时、不准确和不精确的测试被用来诊断肝损伤。虽然现在评估肝功能的一些新方法，如血清胆红素和白蛋白检测，在某些时间可以利用，但在急性肝损伤情况下，这些参数一般不会发生改变，直到损伤开始，有时甚至在损伤后几天才会改变。转氨酶开始释放到血液循环预示着肝细胞正在死亡。重要的是，在早期研究中发现 ALT 和 AST 在急性肝损伤患者血清中均有升高，但 ALT 在肝脏比在其他器官中更丰富，进而 LaDue 和 Wroblewski 于 1956 年就使用这种酶作为肝损伤的特异性标志物。结果使得 ALT 现在被广泛认为是肝细胞损伤的主要临床指标。

虽然转氨酶的测定在临床上迈进了一大步，这些生物标志物由于缺乏一些重要特征而受到一定限制。例如，转氨酶没有特异的病原学特性。换句话说，各种形式的肝损伤均可引起血清 ALT 和 AST 升高。因此，转氨酶不能用于特异性肝损伤的原因诊断，如病毒性肝炎或暴露于肝毒性药物引起的肝炎。血清氨基转移酶活性对预后也没有重要意义，因为它们不能预测肝损伤患者的预后。此外，ALT 和 AST 显然需要坏死性细胞死亡释放进入循环，所以它们不能用于损伤前的检测。最后，转氨酶也不能提供关于肝损伤分子机制的任何信息。

由于 ALT 和 AST 本身的缺点和目前使用的各种肝功能试验，大量研究已经集中于识别肝损伤新的生物标志物。本章的重点是早期生物标志物和那些可能对患者的疗效有一定预测作用的标志物。应注意的是，对乙酰氨基酚（APAP）的肝毒性在本章中会反复提到。APAP 引起的肝损伤是主要的临床问题，并且在临床和实验中的研究相对容易。对 APAP 引起的肝毒性生物标志物研究已经做了大量工作。

二、凋亡和坏死生物标志物

凋亡和坏死是细胞死亡广泛认可的两种主要形式。形态学上，细胞凋亡是由于细胞内的蛋白水解，核 DNA 凝缩和凋亡小体的形成导致的特征性细胞皱缩。整个过程中，细胞膜保持完整。细胞肿胀和细胞膜破裂是典型的肿胀坏死。前者被认为是程序性细胞死亡，后者通常被认为是创伤性坏死。然而，无论是细胞凋亡和坏死都可能涉及复杂的信号传导途径。如今细胞凋亡途径已得到充分认识，在过去 20 年普遍认为细胞的自发坏死不是凋亡，坏死过程中的复杂性延迟了对坏死信号通路的研究。因此，目前使用生物标志物来排除细胞凋亡是用来证明肝损伤作为一种坏死类型的最佳方式。

细胞凋亡评估的一种方法是直接测量凋亡介质的活化。一般有两种类型的细胞凋亡：细胞凋亡的外在和内在途径。在前一种情况下，一个死亡配体［如肿瘤坏死因子（TNF），Fas 配体等］连接到死亡受体（如 TNFR 和 Fas 受体等），导致半胱天冬酶 8 激活，而且如果该死亡受体信号足够强，将进一步诱导足够的半胱天冬酶 8 活化，直接激活半胱天冬酶 3，进而裂解细胞蛋白质。如果死亡受体信号弱，半胱天冬酶 8 只能间接通过 Bcl-2 激活半胱天冬酶 3，然后转位到线粒体，而在线粒体外膜则有利于细胞色素 C 及其他信号介质的释放。细胞色素 C 结合凋亡蛋白酶活化因子 1（Apaf-1）和 ATP 形成凋亡体复合物，激活半胱天冬酶 9，半胱天冬酶 9 又可以进一步激活半胱天冬酶 3。在固有的细胞凋亡途径中，有足够的线粒体损伤促使细胞色素 C 的释放和随后的半胱天冬酶活化，而不需要死亡受体信号通路介导。在任一情况下，半胱天冬酶均需要被其他半胱天冬酶上游介质裂解而活化，作为这种级联反应的终极效应分子，半胱天冬酶 3 的活化是细胞凋亡的一个"不归路"，因此它可以作为测定凋亡信号通路的一个重要指标。目前可以通过蛋白免疫印迹测量肝脏组织和血清中裂解的半胱天冬酶 3。另外，半胱天冬酶 3 酶活性可以通过半胱天冬酶 3 的底物被切割为荧光而直接测量。这两种方法在用半乳糖胺和内毒素联合强烈诱导肝细胞凋亡的大鼠和小鼠模型的标本中已经使用并且能有效检测。然而，当用同样方法来评估肝毒性药物 APAP 处理的小鼠，或 APAP 使用过量引起的肝损伤患者，却没有证据表明有半胱天冬酶 3 的活化，这一结果提示在啮齿类动物或人类由 APAP 引起的肝损伤中，细胞凋亡并不是细胞死亡的一种主要形式。

另一种检测细胞凋亡的方法是测量半胱天冬酶激活的下游效应分子。虽然不那么直接，近年来这种方法却更受欢迎，因为这种技术被认为更敏感。一个例子是测量半胱天冬酶水解裂解的角蛋白 18（K18）。K18 被半胱天冬酶在天冬氨酸 - 丙氨酸 - 亮氨酸 - 天冬氨酸 / 丝氨酸（DALD-D / S）靠近其 C- 末端序列处裂解（Leers et al, 1999），产生两个较小的肽。这种裂解暴露出一个可以被抗体（M30）识别的表位片段，而不同于用于检测 K18 全长的抗体（M65）。这种方法用来测量裂解和全长的 K18 形式至关重要。甚至在肿胀坏死过程中血清蛋白的裂解形式也很可能会提高，因为死亡细胞释放内容物，其中可能也包括一些基线量的裂解 K18。因此，血清中 M30 与 M65 信号比例是细胞凋亡信号的真实测量。如果在半乳糖胺和内毒素处理的小鼠模型中，该比例升高，说明可能发生凋亡；反之该比例降低，则说明细胞死亡的主要方式可能是坏死。这一点在 Woolbright 和 Yang 等 2013 年和 2014 年的研究中已将得到证明。

Antoine 等 2012 年和 2013 年的两项研究发现，在 APAP 引起的人肝损伤过程中，血清中裂解和全长 K18 水平发生了变化。早期研究结果提示，半胱天冬酶裂解的 K18 仅占总血清 K18 的一个很小的百分比。虽然在大多数情况下，裂解和全长的 K18 血清水平似乎反映了 ALT 水平，值得注意的是，在 2 例由于过量使用 APAP 导致肝损伤的患者血清中 M30 和 M65 的水平在 ALT 升高之前就有增高，这也提示 K18 可能是损伤的早期生物标志物。这一现象同样在药物导致的肝损伤中全长 K18 水平升高预测了随后的 ALT 水平增高中被进一步证实。另据报道，服用治疗剂量的 APAP 患者 ALT 水平升高提示肝损伤，并无其他症状，但在 ALT 升高之前血清全长 K18 水平就已经增高。因此，K18，尤其是全长 K18，有可能作为急性肝损伤和坏死的早期标志物。目前的实验尚未尝试半胱天冬酶 3 激活的直接测量。

在继续之前，值得注意的是，即使目前使用肝损伤和细胞内容物释放的临床生物标志物，如 ALT、AST，可以认为是细胞坏死。在细胞凋亡通路，细胞从内被蛋白酶分解，留下完好的膜和细胞残余然后由吞噬细胞清除。因此，人们不希望细胞内蛋白质如血清 ALT 大规模释放。然而，继发性坏死这种现象的发生在体外和体内研究中都已也有证据。一个简单的事实是，ALT 和细胞因子在死亡受体活化后的小鼠模型中大量释放，表明继发性坏死很可能发生在动物的肝脏。

三、微小核糖核苷酸（microRNA）

microRNAs（miRNAs）是只有 18 ～ 22 个核苷酸的短 RNA，有助于调节 mRNA 转录翻译为蛋白质。这些小 RNA 分子可以通过细胞死亡或特定的传输过程释放入血。已发现 miRNAs 在许多不同疾病中均有升高，尤其在不同类型的肝损伤疾病中。特别是，Wang 等（2009 年）的研究表明，在 APAP 诱导的急性肝损伤小鼠模型中，一些 miRNAs 水平在 ALT 升高之前就发生了改变。他们还发现，给予一定剂量的 APAP 不会导致 ALT 水平升高，却可以使这些 miRNA 明显增加。这些数据提示，与目前使用的生物标志物相比，miRNAs 可能是肝细胞死亡更早、更敏感的指标。在 APAP 过量使用导致的肝损伤患者血清中肝脏特异性 miRNA miR-122 水平升高，这也进一步验证了这一现象。重要的是，血清中的 miR-122 水平在研究开始的第一天较高的患者预后较差。最近的研究数据显示，APAP 过量使用患者在肝损伤进展之前，miRNAs 与 K18 的血清水平增高能预测后来 ALT 水平的增加。此外，成千上万的 miRNAs 已经确定，这些小 RNA 序列的血清水平可能显示不同类型组织损伤的独特模式。事实上，APAP 过量患者血清 miRNA 表达谱，确定了一系列的 miRNAs，它们可以区分药物肝毒性和缺血性肝炎。因此，有可能简单地通过检测血清 miRNA 谱，以确定肝病疑难病例的病因。同样，现有的数据也支持 miRNA 有可能成为区分致命性和非致命性肝损伤的一个重要指标。miRNAs 作为生物标志物的一个主要优势是其在血清中的稳定性。这些 miRNAs 通常与细胞外囊泡或分泌的蛋白质有一定的联系以提供保护措施，降低内切核酸酶对它们的降解。

四、线粒体损伤生物标志物

线粒体损伤被认为在许多肝脏疾病中发生，包括病毒性肝炎、APAP 引起的肝损伤和酒精性肝炎。然而，由于组织样本的有限性和不能用像啮齿类动物模型中的方法来进行药物干预，使得研究人类线粒体功能障碍比较困难。一种已经提出的可能解决方案是线粒体损伤血清标志物的研究表明线粒体基质酶、谷氨酸脱氢酶（GDH）、线粒体 DNA（mtDNA）和酰基肉碱在肝毒性剂量的 APAP 小鼠血清中升高，这也仅仅只有在线粒体损伤小鼠中发生。核 DNA 片段也可以在 APAP 处理后的小鼠血清中被测定，这可能间接表明线粒体损伤。重要的是，高水平的 GDH、线粒体 DNA 和核 DNA 片段同样也在 APAP 过量使用导致肝损伤患者的血清中被测定。虽然只有有限的数据用到这些生物标志物，其中一组已经表明，APAP 引起的急性肝衰竭死亡患者和生存患者相比较，入组患者第一份血清中这些标志物在死亡组明显升高，而 ALT 水平在两组中没有显著差异。这些数据也表明，这些可能是在肝损伤中比 ALT 变化更早的生物标志物。然而，需要更多的研究来充分探讨这种可能性。此外，这些生物标志物尚未在其他肝脏疾病患者样本中测定。

五、炎症生物标志物

已有大量研究表明炎症反应是肝损伤的一个重要机制。然而，在某些情况下，例如 APAP 肝毒性，无菌炎性反应似乎不加重损伤。事实上，对细胞坏死抗炎反应的主要目的是去除细胞碎片和准备受损组织的修复。因此，炎症生物标志物在肝损伤早期不升高也就不足为奇。与这一致的是，APAP 过量使用的人或小鼠模型只有损伤达到峰值后循环中性粒细胞才被激活。

然而，循环中测量的一些炎症介质，在肝损伤中可作为一种新型生物标志物。当细胞死亡时，它们释放的蛋白质和其他大分子可以充当损伤相关分子模式（DAMPS）。DAMPS 与炎症细胞上的受体结合，并导致它们活化和募集。因此，DAMPS 除了可以认为是细胞死亡的指标外，还可以是炎症的标志物。一个很好的研究例子是高迁移率族蛋白 1（HMGB1）。HMGB1 在细胞质和细胞核中发挥许多功能，但更多的时候是与细胞核密切关联。严重受损的肝细胞释放到细胞外的 HMGB1，可以在肝损伤过程的循环中被检测。除了死亡肝细胞释放 HMGB1 外，翻译后修饰的形式 HMGB1 也可由一些炎症细胞分泌，这也为这种蛋白作为炎症标志物增加了另一层意义。乙酰化控制的 HMGB1 亚细胞分布和分泌。特别是乙酰化控制亚细胞分布和 HMGB1 的分泌，因此，乙酰化的 HMGB1 可作为炎症的一个额外生物标志物。研究已经表明，血清总的和乙酰化 HMGB1 水平与 APAP 引起的肝脏毒性的预后有一定联系。但总的 HMGB1 水平似乎并不能预测随后的肝损伤进展，而且乙酰化 HMGB1 与肝损伤其他参数相比，是否可以作为一个早期生物标志物也不是很清楚。肝损伤是导致随后炎症反应的一个主要原因，与这个观点一致的是，在胆管结扎模型（阻塞性胆汁淤积）或肝脏缺血再灌注小鼠实验中，乙酰化 HMGB1 实际上是这些模型中单核细胞活化的一个生物标志物，这也与这些后续炎症反应主要是参与组织修复的想法一致。也有报道一些细胞因子在 APAP 过量使用的肝损伤患者中升高，并且这些生物标志物有可能对区分幸存者和非幸存者有一定的作用。然而，急性肝损伤过程中的大多数炎症介质尚无更详细的报道，尤其是在人类。

六、DNA 损伤生物标志物

（一）HMGB1

作为一种核蛋白，可以认为 HMGB1 是核损害的一种生物标志物。然而核 DNA 片段为该机制提供更直接的证据。核 DNA 片段在几种原因导致的急性肝衰竭患者血清中升高，其中包括 APAP 过量使用的患者，它们与患者的预后有一定的相关性。有少数数据表明,核 DNA 碎片和 ALT 的增加和减少有一定相关性,但需要更详细的研究才能得出更强的结论。

（二）其他生物标志物

在肝损伤中很少有一些新生物标志物被描述。苹果酸脱氢酶（MDH）被发现在不同原因引起的肝损伤患者血清中升高。不幸的是,目前只有有限的数据报道,因此还不能确定 MDH 是否在肝损伤的早期就有增加。另一方面,在小鼠和 APAP 过量患者的血浆中发现精氨琥珀酸合成酶（ASS）在 ALT 变化之前就有升高。ASS 也在半乳糖胺 / 内毒素处理的小鼠或肝缺血再灌注模型的血浆中被检测到 ALT 升高之前就开始增高。类似数据报道还有磺酸转移酶 2A1（SULT2A1）。未来的研究应该围绕确定循环中 ASS 和 SULT2A1 是否可以预测肝损伤来进行。

七、小结

肝细胞死亡的更好生物标志物是有必要的。幸运的是,目前一些研究新进展,特别是关于 APAP 的肝毒性研究,使我们更接近这一目标。有病例报道,有位 APAP 过量使用的患者入院抽血化验后不久就被送回家,原因是虽然他的血清 APAP 水平高,但目前没有必要治疗。患者回家 2 天后,发现由肝损伤造成的血清 ALT 活性很高。对患者血清中 miR-122、K18 和 HMGB1 追溯测量发现,这三种标志物在患者首次就诊时就有升高。这些数据提示,不仅这些损伤生物标志物比 ALT 指标变化更早,它们也可以用来评估那些存在肝损伤风险而又无其他任何证据的患者是否需要治疗。确定的这些生物标志物既在早期升高,又能预测患者结果,在未来,各种不同血清生物标志物组合可能有助于满足这一需要。

（石　林）

第 10 章

基于流式细胞仪的单个细胞分选实验步骤

随着单个细胞技术的进步，单个细胞研究正被大量应用于生物和临床研究。本文将介绍基于流式细胞仪的单个细胞分选实验步骤，主要包括标本采集、制备单细胞悬液、CFSE非特异性染色、流式细胞仪进行单个细胞分选，以及单个细胞的定期观察和记录。本章所叙述的实验步骤不仅适用于肿瘤组织，而且可用于其他组织的单个细胞分选。单个细胞分选成功的关键在于实验过程中需要低温保持细胞活性，并且需要选择正确的条件培养基。

一、单细胞的流式细胞仪分选

人们总是将对体内或体外细胞所获得的实验结果来代表该细胞的特性和功能。然而，我们往往忽略了一个现象，每一个细胞都是不同的个体，即便该细胞属于同一细胞类型或来自同一组织。因此细胞异质性是值得细致和深入探讨的问题。现在解决这个问题所选择的方法是在单个细胞水平上研究和测量细胞。单个细胞大小不超过 $10\mu m$，重几个微克，是能够增殖和发挥生物学功能的最小生命单位。它主要由细胞膜、细胞质和细胞核组成，并包含许多不同的生物分子和非生物离子。但蛋白质和核酸作为最重要的生物分子仅占细胞总重量的 25%，据估计单个细胞的基因浓度仅为 $10^{-12}M$，而总蛋白含量为 10^{-9} M。

基于上述认识，若缺少相应方法和仪器的改进，研究者在单个细胞水平进行 DNA 序列和分子分析是一个巨大挑战。幸运的是，单个细胞分选技术的改进和第二代基因测序技术的出现，为单个细胞研究开辟了一条全新的道路。第二代基因测序技术能对少量 DNA 进行分析，甚至对单个细胞的 DNA 进行全基因测序，并且测序结果比过去更加精确。另外，流式细胞术或微流体技术等单个细胞分选技术的出现，使得从组织中分离单个细胞并进行单细胞全基因组测序成为现实。

单个细胞测序方法已经被广泛运用于多个不同领域，比如对不能体外培养的微生物直接进行单细胞全基因组测序，对人体外周血液循环中稀少的肿瘤细胞进行分析来评估预后，研究肿瘤的异质性和分化差异性，研究人类胚胎在早期发育过程中的分化特征，以及研究转录噪声和细胞增殖分化的随机性等。本章结合本实验室的单个细胞分选经验，介绍基于流式细胞仪的单个细胞分选实验步骤。

二、实验步骤

（一）组织收集

样本取自手术患者切除的组织，将组织样本装在含有 PBS 的 50ml 灭菌管中，并置于冰上尽快运送至实验室。组织样本的病理类型随后由病理科确定。低温快速转运组织样本，以保证样本细胞的活性。

（二）制备单细胞悬浮液

为了保证无菌的条件，实验操作应在紫外线照射后的超净台内进行。实验所需的器械包括镊子和剪刀，提前进行高温高压消毒灭菌。

1. 将组织样品放在 60mm 培养皿中，并加入少量生理盐水湿润组织。

2. 用镊子和剪刀切除坏死组织、脂肪组织、纤维连接组织和血块，并用生理盐水冲洗组织。

3. 用剪刀将组织尽可能的剪碎（约 1mm^2）并转移到 50ml 离心管中。

4. 加入胶原蛋白酶 30ml（1mg/L）并在 37℃下在摇床上轻轻摇 30 分钟。

5. 将胶原蛋白酶分解后的组织用 10μm 滤网进行过滤以去除未被分解的纤维组织。

6. 将过滤的细胞悬液于 1000r/min 下离心 10 分钟，弃上清液，再用 DMEM 完全培养基重悬。如此重复 2 次。

7. 用细胞计数板进行细胞计数，将细胞浓度调至 $1 \times 10^6 \sim 1 \times 10^7$/ml。将细胞悬液置于冰上以备后续过程使用。

（三）用 CFSE 给细胞染色

此过程必须在紫外线照射后的超净台中进行。CFSE（羧基荧光素二醋酸盐琥珀酰亚胺酯）是一种分子染料，它能够对活细胞进行非特异性染色，因此被应用到体内或体外细胞增殖试验。

1. 将细胞悬液于 800r/min 下离心 5 分钟以去除细胞碎片，然后用 1 ml 含 10% 血清的 PBS 溶液重悬。

2. 加入 CFSE 使其终浓度为 1μM，并在 37℃下避光孵育 8 分钟。

3. 加入含 10% 血清的完全培养基 1ml 终止反应。

4. 将细胞悬液于 1000r/min 下离心 5 分钟，弃上清液并用含 10% 血清的完全培养基进行重悬。重复上述过程 3 次，最后一次用 1ml PBS 重悬。

5. 取少量细胞悬液滴在载玻片上，在荧光显微镜下观察细胞染色的程度。然后将细胞避光置于冰上以备后续过程使用。

（四）运用流式细胞仪（FACS）分选单个细胞

流式细胞仪 FACSAriaIII（BD）将单个细胞分选进入 96 孔板（图 10-1）。放置流式细胞仪的房间必须保持整洁干净，并在分选前用紫外线灯照射过夜。在单个细胞分选前在 96 孔板中预先加入条件培养基，每孔加 30ml。本实验用的条件培养基为 DMEM 高糖培养基加 10% 胎牛血清、胰岛素（5U/ml）、EGF（10ng/ml）、青霉素 G（100U/ml）和链霉素（100mg/ml）。

图 10-1　单个细胞分选所需的流式细胞仪 FACSAriaIII（BD）

1. 打开流式细胞仪 FACSAriaIII（BD）和电脑软件 Diva。

2. 安装 100μm 喷嘴并在 Sort Setup 中选择相应喷嘴尺寸。喷嘴必须预先用超声洗涤 1 分钟。

3. 校准细胞流式细胞仪，打开主液流窗口（Stream），待液流稳定后，调节液滴的频率（Freq）和振幅（Ampl），使液流断点位于窗口的 1/3 ～ 2/3 处，液滴断裂间隔数值（Gap）趋于恒定。然后进入仪器质控 CS&T 程序，根据流程提示上样 CS&T 质控微球，仪器将自动进行质检。

4. 调节偏转液流和激活测试分选窗口能够出现四路偏转的液流束。使左侧带电偏转的两束液流（Left 和 Far Left）重合通过防溅孔中心，再关闭右侧偏转的两束液流。设置第一滴断点 Drop 1 和 Gap 的实际数值使 Drop 1 位置保持恒定。

5. 用分选荧光校准微球调节液滴延迟（Drop Delay）。打开 Auto Delay 软件仪器自动调节液滴延迟。

6. 将 96 孔板盖上盖子放置于 ACDU 中并点击 Go to Home 图标，将 96 孔板移到分选开始位置。再点开该界面的测试液滴图标，系统会自动加电，左边产生一束偏转液流通过防溅孔中心落入到 96 孔板的板盖上。如果液流没有落到 A1 孔中心位置，可点击界面中的双箭头和单箭头对孔板位置进行粗调和微调。然后用预分选的细胞重复上述过程以保证液滴能够准确地滴在孔的中间。

7. 建立散点图（FSC vs SSC）并设好 P1 门选定细胞。然后设置 P2 门选定 CFSE 阳性细胞。取下 96 孔板盖子并将单个细胞分选进入 96 孔板中。

8. 分选完成后，在显微镜下快速观察每个孔中的单个细胞，然后放入 37 ℃和 5% CO_2 的细胞培养箱中。

（五）定期观察单个细胞并拍照记录

在细胞分选后的 24 小时、3 天和 7 天分别用荧光倒置显微镜观察各孔中的单个细胞（图 10-2）。每次观察时间尽量控制在 1 小时内，以避免影响单个细胞的生长状态。如孔中未见单个细胞，则在相应孔的盖子上画一个叉进行标记。定期给含有单个细胞的孔进行拍照记录（图 10-3，图 10-4）。每隔 3 天更换一次培养基。

图 10-2 荧光倒置显微镜用于单个细胞分选的观察和记录

三、小结

单个细胞技术使研究者可以研究和追踪细胞的异质性。流式细胞术作为单细胞研究领域的核心技术已经被广泛使用。基于流式细胞仪的单个细胞分选的优势在于能够精确分选单个细胞。它能够用细胞特异性荧光抗体或非特异性荧光分子分别进行有偏倚或无偏倚的细胞分选。我们也成功运用细胞的光散射特性来进行单个细胞分选。此外，基于流式细胞仪的单个细胞分选具有高通量、省时和自动化优势。

然而，基于流式细胞仪的单个细胞分选需要一定数量的细胞才能进行，这大大限制了此技术在某些极少量细胞亚群中的运用。分选过程中快速流动的液体和非特异性荧光染料都会损害细胞的活力以至于造成分选失败。此外，与倍比稀释法和用简易口吸管的手工分选相比，基于流式细胞仪的单个细胞分选技术成本则更高。

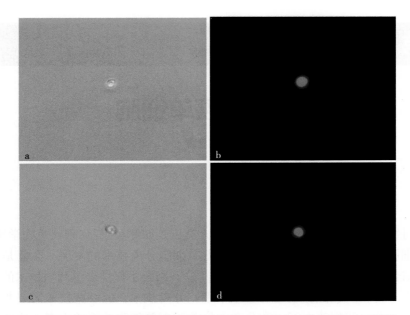

图 10-3　分选后 24 小时用荧光倒置显微镜观察和记录 96 孔板中的单个细胞（显微镜，×200 ）
a 和 b 显示 CFSE 染色的单个细胞在光镜和荧光显微镜下的表现；c 和 d 显示另外一个孔中的单个细胞在光镜和荧光显微镜下的表现

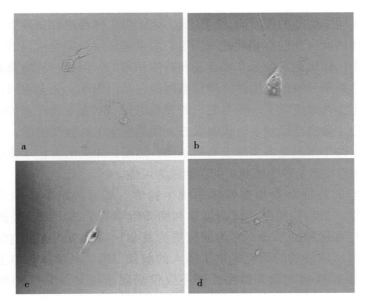

图 10-4　分选后 3 天用显微镜观察和记录 96 孔板中单个细胞的表现（显微镜，×200 ）

（王　坚　闵智慧　金美玲　王向东）

第11章

分离肺癌单细胞

任何生物没有完全相同的两个细胞,人类更是如此。在任何现代生物学研究中,测量单细胞功能是巨大挑战。但是,随着单细胞分离技术的发展,尤其是和组学科学的结合,单细胞研究时代正逐渐到来,这一结合不仅结合了两项技术的优点,而且摒弃了各自的缺点。现已有多重单细胞分离技术,但一些技术需要非常昂贵的设备。在此,我们建立了一套分离和培养肺癌单细胞的简单方案,这使得基于单细胞肺癌研究对于个体普通研究者更加可行。

一、单细胞技术和组学科学

组织由不同细胞类型按不同比例构成,这使得人体普遍存在异质性。起初,人们认为机体的所有细胞有相同的基因组,后来被证明是完全错误的。在正常细胞分裂过程中,体细胞突变是非常普遍和持续积累的,因此,从卵黄囊时期赋予了身体每一个细胞独特的基因组。即使基因组(基因组学)完全相同,它们具有不同的转录组(转录组学)——有它们的表观遗传学状态(表观遗传学)、有多样的功能蛋白(蛋白质组学)、代谢状态(代谢组学)和脂质组学。在大体实验上不可能确定两个细胞是否实际上有所不同,然而,先进的方法学使得定量测量少数细胞(理想状态是单个细胞)的功能成为可能。

组学科学的特征是聚焦在整体系统生物学。高通量组学技术(如基因组学、转录组学、蛋白质组学、代谢组学和脂质组学等)的出现已经掀起了一场人类疾病治疗和医疗的革命,它为研究更为复杂、纵向和动态生物学网络及它们对各种刺激反应波动的研究提供了诱人的前景。组学科学从整体上研究根本掌控人体健康和疾病的动态网络,而不仅仅局限于该复杂系统的某一暂时时间点。

单细胞技术和组学科学的结合充分利用了两项技术的优点,并且克服了它们的缺点。基于单细胞的组学数据反映了机体对各种刺激反应的动态、系统的细胞生物学状态(从基因和蛋白到它们下游的代表性过程,如细胞代谢状态)。幸运的是：技术的改进已经使基于单细胞水平的组学研究成为现实。在此介绍常用单细胞分离技术的同时，也总结出成功实践的肺癌单细胞分离方案。

二、单细胞分离技术

从实体组织分离单细胞主要需要两步：从组织器官切割组织样本，通常用酶消化法把它消化成单个细胞；将单细胞移动到每个反应腔室进行进一步处理。

单细胞分离技术包括极限稀释法、显微操作（用简单的口吸管机械操作或光学操作）、荧光活化细胞筛选（fluorescence-activated cell sorting，FACS）、激光捕获微切割（laser-capture microdissection，LCM）和微流控装置。

（一）极限稀释法

异质性细胞群获得单个细胞最简单的方法：连续稀释样本溶液直到在一定体积的培养基里仅含有一个细胞，然后按照这一等体积混匀的细胞悬液到小的培养孔里，这一方法起初被用于细菌的研究，近来已被一些研究小组成功用于结肠癌干细胞和急性白血病细胞单细胞的分离。该方法简单、易操作，适用于大多数含量丰富细胞的单细胞分离。然而，这一方法不适用于少见细胞的分离，除非目标细胞被富集。尽管利用微孔板提高了这种方法的效率，这一单细胞分离技术是随机的，一定体积里单个细胞的有无具有不确定性（如在每个孔里没有或者有一个以上的细胞）。我们用此方法来分离肺癌原代细胞，难以控制质量和产量。

（二）利用简单口吸管显微操作

由于显微操作简单、廉价，所以是最广泛应用的单细胞分离方法。有两类显微操作法：机械操作和光学操作，然而，该方法仅适用于悬液里的细胞，低通量并易于出错，例如，在显微镜下错误地识别细胞。这些缺点被细胞分离的半自动设备部分克服，熟练的操作者用此方法每小时可以分离 50～100 个细胞。以下详细介绍用简单的口吸管分离肺癌原代细胞的方法。

三、口吸管显微操作试验方案

（一）用具

一套简单口吸管、熔点毛细玻璃管［(0.9～1.1)×120mm］、酒精灯、体视显微镜（图 11-1）。

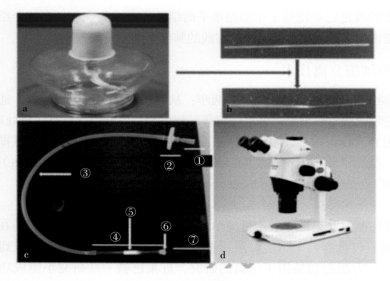

图 11-1　单细胞分离设备

a.酒精灯；b.熔点毛细玻璃管(直径0.9～1mm，长120mm)，一端被拉成更细的毛细管。c.一套口吸管。
①200μl微枪头；②PVDF过滤网(孔径0.45μm)；③硅胶管；④连接毛细玻璃管和硅胶管的玻璃接头；
⑤脱脂棉球；⑥连接毛细玻璃管的硅胶接头；⑦拉伸过的毛细玻璃管。d.体视显微镜

（二）原代肺癌细胞的纯化、增殖和单细胞的铺板

利用适当修改的 J.Seo 方法，从肺癌患者肺组织中分离原代肺癌细胞。简言之，肺癌组织样本被切成 40～100μm，然后在铺被基质胶的培养皿中培养。用中性蛋白酶处理组织切片，使得想要的细胞脱落，然后在补充 N2 的培养基培养。由于利用无血清培养基黏附和增殖受到抑制，剩余的成纤维细胞被弃去。肺癌细胞初步培养后，含有 10%（体积 / 体积）胎牛血清和细胞因子（BEI：10 ng bFGF/ml，10 ng EGF/ml，10 ng IGF/ml）的基础培养基（DMEM）被用来增强发育。然后，利用口吸管把分离到的肺癌细胞铺到 96 孔板里，每孔 1 个，仍用上述培养基。

（三）单细胞的培养和保存

铺板 24 小时后，约 57%（55/96）的孔被成功地铺上了单个细胞。然后每 3 天记录带有选定单个细胞的每个孔的照片（图 11-2～图 11-9）。约 60%（33/55）的选定单细胞能成功地增殖成一个肺癌细胞克隆。所有的照片是用 200 倍镜头拍摄，除非标注为 100 倍。

四、小结

起初我们做这一研究的目的是建立一套分离、纯化、培养用于快速抗肿瘤药物筛选患者来源的肺癌单个细胞有效程序和方案。上述实验用的是肺腺癌组织。

在体外，利用酶消化、基于无血清培养基的纯化和生长因子诱导的增殖，已成功建立了一套培养非小细胞肺癌纯化原代细胞的程序。这一方法简单、有效，可以在 4 周内以 40% ～ 50% 的成功率培养出原代肺癌细胞克隆，方便了抗癌药的开发、快速筛选和进一步的特性研究。

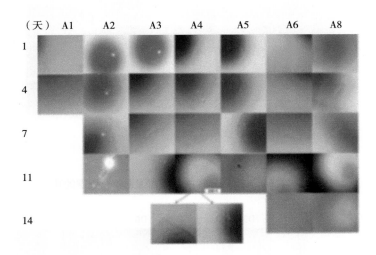

图 11-2　96 孔板 A 排孔中，成功铺上单个细胞的孔

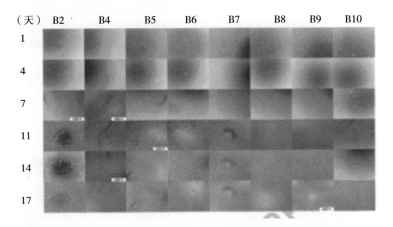

图 11-3　96 孔板 B 排孔中，成功铺上单个细胞的孔

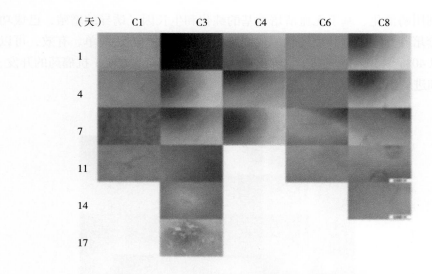

图 11-4　96 孔板 C 排孔中，成功铺上单个细胞的孔

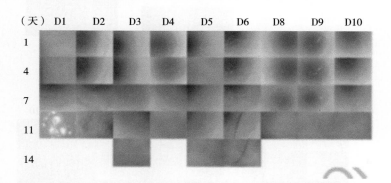

图 11-5　96 孔板 D 排孔中，成功铺上单个细胞的孔

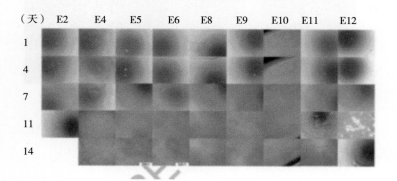

图 11-6　96 孔板 E 排孔中，成功铺上单个细胞的孔

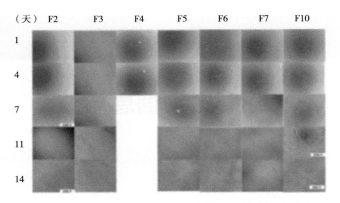

图 11-7　96 孔板 F 排孔中，成功铺上单个细胞的孔

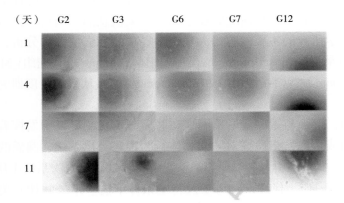

图 11-8　96 孔板 G 排孔中，成功铺上单个细胞的孔

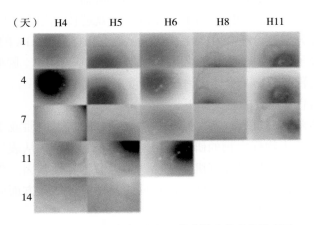

图 11-9　96 孔板 H 排孔中，成功铺上单个细胞的孔

（张　鼎　王向东　朱必俊）

第 12 章

肿瘤生物信息学

肿瘤生物信息学是利用计算机科学、应用数学、信息学及统计学等学科衍生而来的各种信息学技术，是研究肿瘤生物学相关信息的一门科学。后基因组时代肿瘤生物信息学研究的主要内容是大规模多层次的数据挖掘和分析，包括基因组（Genome）、转录组（Transcriptome）、蛋白质组（Proteome）、代谢组（Metabolome）、表型组（Phenome）、相互作用组（Interactome）等，从组的角度研究肿瘤生物学过程。

证据表明，基因与蛋白质联系网络在肿瘤分子机制研究中发挥着重要作用，单一的基因组或蛋白质组研究对肿瘤整体行为很难给出系统、圆满的解释，因此"系统生物学"概念被引入肿瘤研究。系统生物学是研究生物系统中所有组分（基因、mRNA、蛋白质、代谢产物等）及特定条件下这些组分间相互关系的学科。基因组学、蛋白质组学、表观遗传学、代谢组学等是系统生物学的重要组成部分。2005 年，美国 NIH 组织 NCI 和 NHGRI 共同启动肿瘤基因组研究计划（TCGA），旨在通过系统生物学方法，进行基因、蛋白质、表观遗传、代谢分子的大数据分析，对肿瘤进行精细分型和诊断。2013 年，*Science* 杂志刊登了 TCGA 的部分研究成果，发现大量肿瘤分子变异。这些研究结果将为绘制肿瘤基因图谱、肿瘤亚克隆分型、精确诊断、开发靶向药物及个体化治疗做出重大贡献。

肿瘤生物信息学研究的意义如下。

1. 生物标志物的发现和证实　基于肿瘤多种基因、蛋白质或生理变量及高通量分析技术发展，生物标志物的研究经历了从单个到多个，从表达到功能、从网络到动态网络的过程。通过计算机方法筛选出肿瘤特异性基因、蛋白质网络和动态网络与疾病早期诊断、疾病进展、治疗反应及预后评估等方面分别相关，以此发现和证实肿瘤特异性生物标志物。

2. 药物研发　药物基因组学是生物信息学的重要组成部分，其以提高药物疗效与安全性为目的，研究影响患者对疾病相关药物作用、吸收、转运、代谢、清除等反应的获得性或遗传性基因变异，应用基因组信息学等研究进行新药研发。

3. 提高精准医学的效率和有效性 个体基因和蛋白质表达存在变异，精准医学为个体提供最安全和有效的预防和治疗策略。基于每位患者肿瘤亚克隆的分子网络特征，肿瘤生物信息学和系统生物学通过治疗设计，以期在正确的时间为患者提供正确的预防和治疗措施。

（何明燕 冯 丽 夏景林）

第13章

单细胞异质性检测在肿瘤中的应用

当单个细胞获得表观遗传或基因层面的改变时，肿瘤就开始生长，并且细胞异质性也随之开始，即使所有细胞都来源于同一个单细胞的分裂。单细胞异质性可以表现出令人震惊的形态、基因、蛋白层面的差异，这也就导致了肿瘤诊断及治疗的复杂性。最近，肿瘤领域中针对单细胞的研究有了令人振奋的进展，体现在肿瘤形成、进展、转移及耐药等多方面，值得一提的是，所有研究在分析时都将肿瘤看成是多个细胞亚群的集合，这一点至关重要。本章列举了在多个肿瘤中的单细胞研究工作，旨在找出细胞间的差异、细胞间的差异类型，并且通过单细胞研究能发现是最新的肿瘤标志物还是新的治疗方法？通过以上方面的研究，总结出最新的单细胞异质性检测方法，包括常规的检测靶点及一些新领域，如循环肿瘤细胞与弥漫性肿瘤细胞。探讨如何将这些技术运用到肿瘤诊断及治疗上，真正实现精准医疗的新纪元。

一、单细胞异质性在肿瘤诊断及治疗中的临床意义

单细胞异质性无论是在肿瘤诊断还是肿瘤治疗中都扮演着重要角色。在肿瘤诊断方面，了解单细胞异质性对于生物标志物的精确应用至关重要。而在肿瘤治疗中，理解单细胞异质性也能更好地为临床选择合适的药物，提高疗效并延缓肿瘤的复发（图 13-1）。

（一）肿瘤诊断标志物

临床中很多肿瘤相关突变都被用来作为肿瘤诊断的标志物，例如，用于黑素瘤诊断的 *BRAF* 基因突变、用于非小细胞肺癌诊断的 *EGFR* 突变、用于肠癌诊断的 *KRAS* 突变等。然而，由于单细胞异质性的存在，没有哪个单个生物标志物被证实百分之百有效。例如，被广泛接受的宫颈癌标志物 NOL4 与 LHFPL4，以及多形性腺瘤标志物 PLAG1，但也总有一小部分细胞不含有特异相关突变，从而会逃脱诊断。

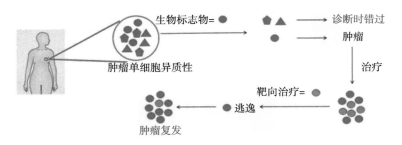

图 13-1　在肿瘤诊断及治疗中忽略单细胞异质性带来的后果

肿瘤诊断依旧需要更精细、更全面的分析。随着技术的发展，以及单细胞领域研究的增多，更多新的生物标志物被找到并在基因、表观遗传及蛋白层面被验证。例如，在乳腺癌中，近来发现的 LH7 被证实在诊断及治疗中发挥着出色的作用。总之，在单细胞层面研发的新的生物标志物必定将会在精准医学领域大放异彩。

（二）单细胞异质性在肿瘤治疗中的作用

肿瘤与肿瘤间的异质性及单个肿瘤内的异质性是精准医学研究的重要部分。然而，肿瘤内的异质性，包括蛋白表达、对治疗的反应及生长速度的不同等，主要还是发生在单个细胞层面。

细胞异质性会妨碍正确的肿瘤治疗。如果治疗仅仅关注于一小部分特异性细胞，就会很容易导致肿瘤的复发。例如，白血病和骨髓瘤在诊断时都是单克隆的，但是它们非常容易复发，原因就是存在未被充分发现的克隆。因此，治疗时即使是非常小的一部分细胞群体发生了逃逸，也会导致肿瘤复发。例如，EGFR 与非小细胞肺癌的治疗密切相关，但在肿瘤中，有一小群细胞对 EGFR 耐药，这部分细胞就逃脱了治疗，并最终导致肿瘤复发。

通常，因为单细胞异质性存在，针对肿瘤一个受体的治疗往往不会有明显的疗效。例如，针对 HER 相关的上皮细胞肿瘤，同时针对 HER 家族三个靶点，包括 EGFR、HER2 与 HER3 进行联合治疗，将会产生良好的治疗效果。因此，为了提高肿瘤的治疗效果，单细胞异质性的研究需要进一步引起研究者的关注。

二、单细胞异质性的检测对象

单细胞异质性的检测对象包括常规的肿瘤组织细胞及新的检测对象，如循环肿瘤细胞、弥漫性肿瘤细胞、肿瘤干细胞、循环肿瘤 DNA 及血浆游离 DNA 等（图 13-2）。

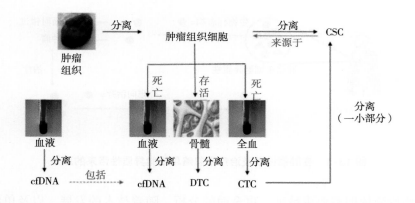

图 13-2　各检测对象间的关系

（一）肿瘤组织细胞

肿瘤组织细胞，即使是在同一个肿瘤中的同一部位，甚至是在同一群细胞中，在单细胞层面上也存在异质性。近年来，肿瘤组织细胞的单细胞研究工作在肿瘤形成、进展、转移及耐药方面有了重大突破，尤其是在急性髓细胞白血病、乳腺癌及肺癌中（图 13-3）。

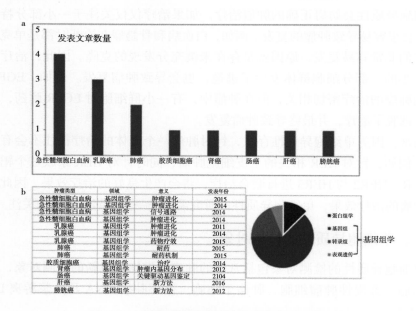

图 13-3　单细胞研究在肿瘤领域发表的文章

在急性髓细胞白血病中对于单细胞的研究解释了其历史及演化历程，验证了亚群间异质性的存在，甚至验证了之前被认为不存在异质性的突变。分析单个肿瘤组织细胞也可以帮助了解乳腺癌的进化及发展。例如，有研究显示一个单细胞克隆形成了初始乳腺肿瘤并随后形成了转移灶，这个过程甚至没有出现任何肿瘤的进展。此外，单细胞研究也可以了解耐药的出现究竟是源于肿瘤中的弱势罕见细胞群体，还是发生在靶向药物治疗之后。同时，单细胞研究也可预测未来治疗发生耐药的可能性。除了以上举例的 3 种肿瘤外，单个肿瘤组织细胞研究在胶质细胞瘤、肾癌、膀胱癌、肠癌及肝癌中也得到了广泛应用。

（二）循环肿瘤细胞及弥漫性肿瘤细胞

循环肿瘤细胞是从原位肿瘤组织或转移灶中播散到外周血中的肿瘤细胞，可以在早期就反映出肿瘤的进展情况。然而，在循环肿瘤细胞中，在单细胞层面仍然存在着异质性。对于异质性循环肿瘤细胞研究的深入，可以了解耐药的发生机制，例如，在前列腺癌患者中，一项研究采集了 77 个循环肿瘤细胞样本，在对这些细胞的研究后发现每细胞都具有其独特的信号通路，这也是最终影响药物疗效的关键所在。虽然在癌症早期阶段，仅有一小部分研究可以检测到循环肿瘤细胞，大部分患者还检测不到，但是对于循环肿瘤细胞异质性研究仍然至关重要。

弥漫性肿瘤细胞是一类仍然具有转移潜能，甚至在其迁移骨髓后潜伏数十年的肿瘤细胞。类似于循环肿瘤细胞，弥漫性肿瘤细胞也是一类新的肿瘤检测靶点，同样具有单细胞异质性。通过分析弥漫性肿瘤细胞的异质性，我们也可以得到重要的预后及治疗信息。

（三）肿瘤干细胞

肿瘤干细胞是一类具有自我更新能力，可以重新启动肿瘤生长，并成为肿瘤细胞的一类细胞。但也正是由于这种自我更新分化的能力造成了肿瘤异质性的产生。然而，即使在肿瘤干细胞中，异质性仍然存在。肿瘤干细胞异质性检测不仅在肿瘤早期诊断，同时在个体化治疗及预防肿瘤复发中都起着重要作用，例如肝癌及前列腺癌。

（四）循环肿瘤 DNA 及血浆游离 DNA

循环肿瘤 DNA 是由凋亡或坏死的肿瘤细胞、裂解的循环肿瘤细胞或原发肿瘤转移灶释放的 DNA。循环肿瘤 DNA 可以从血液样本中被分离出来，用于在单个细胞水平上基因异质性鉴定。另外，分析循环肿瘤 DNA 的异质性在耐药机制研究上尤其重要。一项研究采集了一例 EGFR 靶向治疗并随之耐药的肺癌患者的循环肿瘤 DNA，通过研究循环肿瘤 DNA 间的基因差异性，最终发现了关键的突变——T790M，正是由于这个突变才导致了耐药的发生，这也提示了循环肿瘤 DNA 应该作为肿瘤研究的重要工具之一。

与循环肿瘤 DNA 类似，血浆游离 DNA 也是一类血液中研究较多的肿瘤分子标志。有一项研究提示循环肿瘤 DNA 与血浆游离 DNA 有非常吻合的一致性，因此，血浆游离 DNA 检测也逐渐成为一种全面研究肿瘤发展的无创方式。

三、单细胞异质性检测方法

单细胞异质性存在于形态学、表型、基因组学、蛋白组学等多个方面。随着技术的不断发展，我们可以运用不同的方法检测不同的领域（图 13-4）。

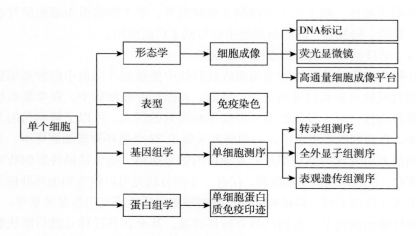

图 13-4　单细胞异质性研究的方法学

（一）形态学和表型

为了验证形态学的异质性，一个好的培养系统至关重要。它可以使肿瘤组织在体外生长数月，并且能反映细胞间的异质性，从而使研究者能进一步探讨肿瘤微环境对细胞的影响。一个研究团队建立了三维培养系统，它可最大限度地保持肿瘤原有的细胞间异质性，并且在胶质细胞瘤模型中已有成功运用。

在通过第一步重要的肿瘤细胞体外配暗影后，接下来就可以研究肿瘤形态学上的异质性了。细胞成像技术被广泛应用于这一层面。例如，核苷酸类似物可以用于标记 DNA 分子，并可被荧光显微镜观测到。由于 DNA 复制、合成及其他方面的千差万别，这一 DNA 标记技术即可最大限度地反映出细胞间的差异性。除此之外，一种新的荧光显微技术（也被称为荧光寿命纤维成像技术），已被研发运用于检测肿瘤细胞凋亡的异质性。另外，全自动高通量细胞成像平台也已被研发运用于胰腺癌细胞异质性检测，其可以使研究者自动获取细胞形态学的差异信息。

细胞成像是形态学领域研究单细胞异质性的重要方法。但对于表型研究，免疫染色则更合适。例如，在乳腺癌中，通过研究免疫染色的肿瘤组织细胞，CD44 表达量高的细胞肿瘤形成能力被证实远不如 CD44 表达量低的细胞。这一方法在后续异质性研究中起着重要作用，尤其是在病因学研究及药物研发领域。

（二）基因组学及蛋白组学

研究单细胞基因组学的方法有很多，包括 STAR-FISH，即等位基因特异性

PCR。它可以在单细胞层面上检测核苷酸多态性和拷贝数变异。然而，在单细胞基因组学研究中最重要的技术仍然是单细胞测序。单细胞测序包括单细胞基因组测序、单细胞转录组测序及单细胞表观基因组测序。它已经成为研究单细胞异质性的重要工具（图 13-5）。例如，DNA 拷贝数记录了肿瘤细胞基因进化及 DNA 复制的重要信息。通过检测这一变异信息就可以找到肿瘤中单个细胞重要的进化信息，从而可以更好地理解肿瘤的发病机制。

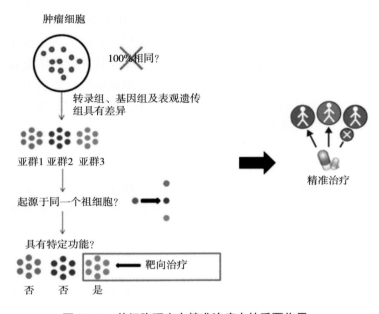

图 13-5 **单细胞研究在精准治疗中的重要作用**

　　近年来，单细胞测序在多个肿瘤研究中得到了成功应用。通过单细胞转录组测序，我们可以得到肿瘤细胞各亚群的信息。一个研究小组运用单细胞转录组测序，通过 G64（一个由 64 个不同基因组成的共调控基因模块）的表达鉴定了三个肿瘤细胞亚群。最终他们发现 G64 与肿瘤预后较差相关，覆盖的肿瘤包括肾癌、脑癌、肝癌、食管癌及肺癌。全外显子组测序可以反映基因差异性，从而进一步反映出治疗耐药性的差异。例如，在肝癌中，研究者在 34 个单细胞样本中做了全外显子组检测，找到了 20 个高异质性的单细胞。这一结果对于治疗决策的选择至关重要。表观遗传学包括了所有表观遗传标志物及染色体情况，可以反映出基因功能性相关的变化。因此，通过表观遗传学分析如 DNA 甲基化分布等，就可以更好地助力肿瘤单细胞异质性研究。例如，通过表观基因组测序，我们可以更好地了解肿瘤的发病机制，并且通过不同的药物治疗手段收集到不同异质性反馈结果。最近，一种单细胞三重组学测序的方法被建立。它可以在单个细胞上同时进行基因组、转录组及 DNA 甲基化测序，使研究者同时得到基因组学、转录组学及表观遗传学的信息。

这里需要指出的是，不同的细胞大小、细胞周期状态及其他相关状态都会影响到单个细胞的扩增及后续测序结果数据。我们始终需要继续探索更合适的方法来完善单细胞测序在单细胞异质性检测中的应用。

单细胞蛋白组学包括了蛋白层面的变异及蛋白间相互作用的变异情况。免疫印迹试验是研究蛋白层面最普遍的方法。最近，这一方法也得到了改进，以期待更好地运用到单细胞层面。主要步骤是单细胞在微孔中裂解，然后开始蛋白电泳，从各孔中电泳至一种支持介质（聚丙烯酰胺凝胶层），随后再与抗体结合。这一方法可以同时使上千个单细胞完成免疫印迹试验，并且在胶质细胞瘤的研究中被成功运用。同样，在胶质细胞瘤患者模型中，单细胞磷酸化蛋白组学被运用于单细胞蛋白质组学异质性的研究中。通过这一方法，研究者们发现了蛋白质信号配位的异质性，从而也找到了抑制肿瘤的更好方法。

四、小结

单细胞异质性在肿瘤诊断及治疗中都是一个挑战，因为单个突变细胞随着其在异质性微环境中的生长发展可造成突变多样性。因此，我们需要进行更多的单细胞异质性研究工作，从而更好地辅助肿瘤的诊断及治疗，使其真正进入精准医疗时代。

（钱梦佳　陈　浩　程韵枫）

参考文献

Anfuso B，El-Khobar KE，Sukowati CH，et al.2015. The multiple origin of cancer stem cells in hepatocellular carcinoma. Clinics and research in hepatology and gastroenterology，39 Suppl 1:S92-97.

Avadhani V，Cohen C，Siddiqui MT.2016.An Immunohistochemical marker with limited utility in separating pleomorphic adenoma from other basaloid salivary gland tumors. Acta cytologica .

Farlik M，Sheffield NC，Nuzzo A，et al.2015. Single-cell DNA methylome sequencing and bioinformatic inference of epigenomic cell-state dynamics. Cell reports，10:1386-1397.

Harbom LJ，Chronister WD，McConnell MJ.2016. Single neuron transcriptome analysis can reveal more than cell type classification: Does it matter if every neuron is unique? BioEssays : news and reviews in molecular，cellular and developmental biology，38:157-161.

Hines WC，Kuhn I，Thi K，et al.2016. 184AA3: a xenograft model of ER+ breast adenocarcinoma. Breast cancer research and treatment，155:37-52.

Hou Y，Guo H，Cao C，et al.2016. Single-cell triple omics sequencing reveals genetic，epigenetic，and transcriptomic heterogeneity in hepatocellular carcinomas. Cell research，26:304-319.

Hubert CG，Rivera M，Spangler LC，et al.2016. A three-dimensional organoid culture system derived from human glioblastomas recapitulates the hypoxic gradients and cancer stem cell heterogeneity of tumors found in vivo. cancer research，76:2465-2477.

Jacobsen HJ，Poulsen TT，Dahlman A，et al.2015. Pan-HER，an antibody mixture simu-ltaneously targeting EGFR，HER2，and HER3，effectively overcomes tumor heterogeneity and plasticity. Clinical cancer research : an official journal of the American Association for Cancer Research，21:4110-4122.

Janiszewska M，Liu L，Almendro V，et al.2015. In situ single-cell analysis identifies heterogeneity for PIK3CA mutation and HER2 amplification in HER2-positive breast cancer. Nature genetics，47:1212-1219.

Joosse SA，Pantel K. 2016.Genetic traits for hematogeneous tumor cell dissemination in cancer patients. Cancer metastasis reviews，35:41-48.

Kim EY，Cho EN，Park HS et al.2016. Genetic heterogeneity of actionable genes between primary and metastatic tumor in lung adenocarcinoma. BMC cancer，16:27.

Kim KT，Lee HW，Lee HO，et al.2015. Single-cell mRNA sequencing identifies subclonal heterogeneity in anti-cancer drug responses of lung adenocarcinoma cells. Genome biology，16:127.

Korthout T，Emanuelli G，Hutchins JR.2016. Extracting order from heterogeneity: A report on the

EpiGeneSys workshop "Single Cell Epigenetics" in Montpellier, June 11-12, 2015. BioEssays : news and reviews in molecular, cellular and developmental biology, 38:4-7.

Larsen SA, Meldgaard T, Fridriksdottir AJ, et al.2015. Selection of a breast cancer subpopulation-specific antibody using phage display on tissue sections. Immunologic research, 62:263-272.

Liang DH, Ensor JE, Liu ZB, et al.2016. Cell-free DNA as a molecular tool for monitoring disease progression and response to therapy in breast cancer patients. Breast cancer research and treatment, 155:139-149.

Ling S, Hu Z, Yang Z, et al.2015. Extremely high genetic diversity in a single tumor points to prevalence of non-Darwinian cell evolution. Proceedings of the National Academy of Sciences of the United States of America, 112:E6496-6505.

Min JW, Choi SS.2015, Expressional Subpopulation of Cancers Determined by G64, a Co-regulated Module. Genomics & informatics, 13:132-136.

Miyamoto DT, Zheng Y, Wittner BS, et al. 2015.RNA-Seq of single prostate CTCs implicates noncanonical Wnt signaling in antiandrogen resistance. Science, 349:1351-1356.

Paguirigan AL, Smith J, Meshinchi S, et al.2015. Single-cell genotyping demonstrates complex clonal diversity in acute myeloid leukemia. Science translational medicine, 7:281re2.

Poleszczuk J, Hahnfeldt P, Enderling H.2015. Evolution and phenotypic selection of cancer stem cells. PLoS computational biology, 11:e1004025.

Stary CM, 2015. Patel HH, Roth DM. Epigenetics: The Epicenter for Future Anesthesia Research? Anesthesiology, 123:743-744.

Sun HJ, Chen J, Ni B, Yang X, et al.2015. Recent advances and current issues in single-cell sequencing of tumors. Cancer letters, 365:1-10.

Tewes M, Kasimir-Bauer S, Welt A, et al.2015. Detection of disseminated tumor cells in bone marrow and circulating tumor cells in blood of patients with early-stage male breast cancer. Journal of cancer research and clinical oncology, 141:87-92.

Waclaw B, Bozic I, Pittman ME, et al. 2015. A spatial model predicts that dispersal and cell turnover limit intratumour heterogeneity. Nature, 525:261-264.

Wei W, Shin YS, Xue M, et al.2016. Single-Cell Phosphoproteomics Resolves Adaptive Signaling Dynamics and Informs Targeted Combination Therapy in Glioblastoma. Cancer cell, 29:563-573.

Wu PH, Phillip JM, Khatau SB, et al.2015. Evolution of cellular morpho-phenotypes in cancer metastasis. Scientific reports, 5:18437.

Wu Y, Schoenborn JR, Morrissey C, et al.2016.High-Resolution Genomic Profiling of Disseminated Tumor Cells in Prostate Cancer. The Journal of molecular diagnostics : JMD, 18:131-143.

Xiao A, Gibbons AE, Luker KE, et al.2015. Fluorescence Lifetime Imaging of Apoptosis. Tomography : a journal for imaging research, 1:115-124.

Xu B, Cai H, Zhang C, et al.2016. Copy number variants calling for single cell sequencing data by multi-constrained optimization. Computational biology and chemistry, 63:15-20.

Xu S, Lou F, Wu Y, et al.2016. Circulating tumor DNA identified by targeted sequencing in advanced-stage non-small cell lung cancer patients. Cancer letters, 370:324-331.

Zhang C, Guan Y, Sun Y, et al.2016. Tumor heterogeneity and circulating tumor cells. Cancer letters, 374:216-223.

Zhang X, Marjani SL, Hu Z, et al.2016. Single-Cell Sequencing for Precise Cancer Research: Progress and Prospects. Cancer research, 76:1305-1312.